# 从零基础到投标高手

吴迪 编著

中国建筑工业出版社

图书在版编目（CIP）数据

从零基础到投标高手 / 吴迪编著. —北京：中国建筑工业出版社，2021.5（2024.5重印）
ISBN 978-7-112-26127-7

Ⅰ.①从… Ⅱ.①吴… Ⅲ.①建筑工程—招标 Ⅳ.①TU723

中国版本图书馆CIP数据核字（2021）第084288号

本书包括从零基础到投标高手的职业生涯规划、商务标和技术标编制的方法、投标人常用的报价策略解析、投标过程中如何避免废标、投标的注意事项以及投标人如何挽回评标结果不利的局面等内容。希望可以帮助读者了解招投标行业的职业生涯规划、迅速厘清招投标的流程和整体思路，读完后能够独立、快速地编制一份完整的投标文件，掌握并提高项目中标率的谋略和技巧，实现从零基础到投标高手的跃迁。

责任编辑：徐仲莉　王砾瑶
责任校对：赵　菲

**从零基础到投标高手**
吴　迪　编　著
*
中国建筑工业出版社出版、发行（北京海淀三里河路9号）
各地新华书店、建筑书店经销
北京蓝色目标企划有限公司制版
建工社（河北）印刷有限公司印刷
*
开本：787毫米×1092毫米　1/16　印张：12¼　字数：257千字
2021年6月第一版　2024年5月第七次印刷
定价：**50.00**元
ISBN 978-7-112-26127-7
（37223）

# 前　言

在工作中，很多新人常常会有这样的困惑：

- 刚毕业的“小白”没有经验，面对具体工作不知道从哪里下手；
- 施工员、资料员、预算员想转岗招标投标，但没有实践经验，无法操作上手；
- 起点很低，在公司一两年了还是跑腿打杂，始终没有机会做标书；
- 一个人闭门造车，起得最早走得最晚，效率很低；
- 教会徒弟饿死师傅，师傅总是藏着掖着不愿意教你。

类似的问题还有很多……

招标投标（以下简称招投标）门槛较低，有个靠谱的师傅加上自己的勤学苦练，同时多做项目，在一个个项目中总结提升，就能很快成长。但遗憾的是很多新人得不到专业的指导，走入了很多误区，牺牲了很多无谓的时间。本书站在投标人的角度，侧重于投标的流程、方法和技巧，注重实务性和可操作性，希望能够带领新人入门，快速掌握招投标的精髓。

本书内容包括从零基础到投标高手的职业生涯规划、商务标和技术标编制的方法、投标人常用的报价策略解析、投标过程中如何避免废标、投标的注意事项以及投标人如何挽回评标结果不利的局面等内容。希望可以帮助读者了解招投标行业的职业生涯规划、迅速厘清招投标的流程和思路，学习后能够独立编制一份完整的投标文件，掌握提高项目中标率的谋略和技巧，实现从零基础到投标高手的蜕变。

本书主要解决两个问题：（1）如何从不会到会；（2）会了以后如何提升。

当你完全不知道如何编制标书时，本书第1～6章有详细的标书编制方法，结合附赠的零基础学投标的案例实操课，手把手教你如何编制标书，带你实现0→1的跨越。本书很少有复杂、枯燥的理论知识，更侧重于实践经验的总结提炼，比如标书编制步骤的总结提炼：看、搜、建、填、调、亮、查。

1.看

看招标文件要求、项目概况、评分标准内容、合同重点条款、付款方式、实质性响应条款等，了解项目情况，建立对项目的初步印象。

2.搜

搜集项目相关情况信息，业主方是否有意向单位，项目是否有同行控标，控标人可能是谁，业主方的联系人是谁，能否与业主方对接，根据搜集到的信息并结合自己实际情况，评估项目中标概率，决定是否参与项目投标。

3.建

决定参与投标后开始编制标书，建结构搭框架。根据招标文件要求和评分标准条款确定投标文件由哪几部分构成、每部分又由哪些内容组成；列出每部分的标题，这样可以明确要编制的内容，每部分编制的难度有多大，是否有材料需要跨部门协调，是否需要外援协助解决等，这些都要留有充分的准备时间，否则等到开标前才发现缺少资料需要补救就会很被动。

4.填

根据搭建的框架填充相应的素材，核算项目成本，初步填写报价、施工技术方案、公司资质证书等材料。这些素材来源于招标文件、现场踏勘资料、相关标准规程文件、其他类似项目的投标文件、百度上的参考资料、请教同事领导的资料等。填充过程中不要纠结于细节，一鼓作气用最快的速度先出一个初稿，先完成再完美。

5.调

调整投标文件的内容。前面的素材是从四面八方搜集过来的，一定存在很多的问题，这时要结合项目的实际情况调整方案逻辑、文字描述语言风格差异、前后矛盾、重复等问题，要将投标文件调整到与项目实际情况和自身公司综合实力相适应的状态。

6.亮

结合项目实际情况思考本项目的重难点在哪里，招标人关注的重点问题在哪里，本公司的优势有哪些、弱势在哪里，然后扬长避短、有针对性的用图文并茂的形式在标书中展示出来，让评委和招标人一眼就能看到该投标文件的亮点。

7.查

最后还要再仔细地检查标书，评委和招标人审查标书是没有时间字斟句酌的，那么目录是否完全对应到招标文件的内容、客观分是否全部响应、主观分是否符合项目实际情况等直接影响投标人的分数，所以除了标书编制人员根据相应流程检查，还应有专门的复核人员进行检查。基本上每次检查都能找到需要修改润色的地方，检查的次数越多，标书的质量越高，出错的概率越小。做标书要精益求精、细致入微，容不得一点马虎，很可能因为一个微小的细节就会让整个团队的努力全部白费，因此标书检查时一定要慎之又慎。

当已经学会编制标书后，如何才能成长为优秀的商务经理呢？这是本书第7～8章要解决的问题。

当你学会编制标书后，一定要跳出标书编制人员的层次，不能机械地编制标书。如果你编制了五年标书还停留在编标的层次是很可悲的，因为后面有更优秀的人才顶上来了，他们用软件用的更熟练，精力更充沛，薪资要求比你更有优势，那么你凭什么认为五年后职场上的你还是那个吃香的你呢？你必须要有职场的核心竞争力，要跳出自己的舒适区寻求突破，不仅要技术过关、管理能力过硬，还要商务沟通协调能力好，有自己的资源（积累政府、业主方、代理/咨询公司、上下游供应商等资源），智商、情商都在线，具有处理复杂问题的能力，能解决别人解决不了的问题。优秀的商务经理都是在不断地变化中学习进步，用不变的学习心态应对时刻发生变化的工作，学会管理自己、管理他人，打造自己无可替代的核心本领，才是投标从业者未来的出路。

本书可供建设单位、施工单位、第三方中介单位（包括招标代理公司、造价咨询公司、监理公司、设计公司等）、行政事业单位等招投标相关从业人员、工程管理人员学习参考。

限于作者水平，本书错漏之处在所难免，希望读者批评指正。欢迎读者交流学习心得体会，获取更多学习资料也可与作者联系，作者联系方式：249805312@qq.com。

2021年5月

# 目 录

# 第 1 章

# 从零基础到投标高手的职业生涯设计

## 1.1 招投标行业从业前景

招投标，是招标投标的简称。招标和投标是一种市场交易行为，是交易过程的两个方面。这种方式是在货物、工程和服务的采购行为中，招标人通过事先公布的采购要求，吸引众多投标人按照同等条件进行平等竞争，按照规定程序并组织技术、经济等方面的专家对众多的投标人进行综合评审，从中择优选定项目中标人的行为过程。其实质是以较低的价格获得最优的货物、工程和服务。工程招投标从业人员分布于建设单位、施工单位、招标代理单位、造价咨询单位、监理单位、行政事业单位等多种单位。

作为建筑行业单位，业务来源大部分都要通过招投标，它是开拓业务、提高业绩以及企业生存发展的基础。招投标是建设单位、施工单位、咨询单位等建筑业从业人员的必备技能。建设单位通过招标找到合适优质的施工单位，咨询公司通过招投标这座桥梁把建设单位和施工单位紧密地联系在一起。对于施工单位来说，招投标更是其赖以生存的根本，在施工单位中标率就是其核心竞争力，想想你们单位的投标商务经理是不是老板跟前的“红人”？他们是不是公司发展的命脉？招投标也是造价工程中最复杂和最有挑战的一部分，想要在建筑单位走得更长远，招投标是必会技能之一。

在实际工作中，招投标从业人员的学历要求不是很高，中专、大专、本科都能找到合适的工作，并且能胜任这份工作；招投标是实践性比较强的工作，就算没有专业基础，有个靠谱的师傅领路，通过一段时间的项目实操，加上自己的悟性，也能把自己的业务能力做精、做细、做强。

### 1.1.1 招投标薪资待遇—从年薪3万到50万之路

在实际工作中，很少有人从一开始就目标明确要做招标投标的，很多人都是从设计、预算或者施工转岗的，有的甚至是做文秘岗，因为公司有招投标方面的业务，被老板强制分配任务才开始接触招投标的。招投标的入门门槛低，但是想要真正做好也是不容易的，需要有耐心、有上进心，肯钻研，不怕吃苦，要有足够的毅力和强大的执行力，要经过长时间的个人积累，只有将丰富的实践经验和理论知识相结合，才能获得丰收的果实。

一般来说，刚接触招投标、没有工作经验的人薪资待遇不会很高，年薪在5万元左右，这时遇到一个靠谱的师傅比任何待遇都重要；当你有了工作经验且能独立承担项目时，年薪可接近10万～20万元；当你是公司的业务骨干，不管是技术问题还是对内对外的沟通协调都可以自己搞定，那么你就有充分的议价权，一般待遇会在30万～50万元；当然还有另外一种途径，就是你可以给公司带来业务资源，这种薪酬上不封顶，很多这样的能人都是单独出来开公司的。

刚接触招投标的第1年会很难，什么也不会，待遇也不高，加班加点是家常便饭，遇到投标旺季，通宵也是常有的。但往往最苦最难的时光，也会是我们成长最快的时候，这一年只要多做项目，多学习，多思考总结，只要不怕吃苦，坚持不懈地执行，就一定会有收获。

第2～3年，招投标的流程以及常规的工作都能做，你可以做什么、会做什么心里都清楚了，这条路的前景如何？未来发展道路如何？是否要沿着这条路走下去？你心中已有答案。

第4～5年，可以独立承担项目，可以在项目中实现自己的人生价值，产生自我认同感，收获到工作的快乐，会有获得感。投标的过程很辛苦，不仅要解决标书编制过程中的各种问题，还要不分白天黑夜地加班，更要伴随着紧张、焦虑的情绪直到开标，承受着身体和精神的双重压力。每次开标前标书编制人员的心都提到了嗓子眼，担心出现各种意外状况，可以不中标，但是一定不能废标。当中了一个大标时，这种付出后收获的喜悦，这种个人的价值感和自我的认同感，以及累积出来的个人自信心，对个人的职业生涯非常有帮助。

第6～10年，经过前期的积累，基本上什么项目都能“HOLD住”了，此时容易进入职业倦怠期。在一个又一个项目中不断地重复，要么接受重复的工作和生活，要么寻求内心的渴望，挑战自己的舒适区，不断突破自己寻找新的目标。

从零基础到投标高手收入详见表1-1。

从零基础到投标高手收入区间表　　表1-1

| | | | |
|---|---|---|---|
| 新手 | 建设单位 | 协助完成招标流程工作、合同签订、招标资料归档管理等工作 | 约4000～6000元 |
| | 招标代理公司 | 协助完成编制、发布招标文件、开评标、发放中标通知书、整理归档招标资料等工作 | 约2000～3000元 |
| | 施工单位 | 协助完成招标信息的搜集整理工作、投标项目报名、投标文件编制、合同管理归档等工作 | 约3000～4500元 |
| 熟手 | 建设单位 | 负责完成自行编制或委托代理公司编制项目招标文件、发布招标公告、项目开标、评标，发布中标通知书、合同签订等工作；<br>负责合同编制工作；<br>负责核算项目的成本及利润；<br>负责公司招标文件资料的归档与管理等工作 | 约5000～8000元 |
| | 招标代理公司 | 独立完成编制招标文件、发布招标文件、开评标、发放中标通知书、整理归档招标资料等工作 | 约2000～3000元，独立承担项目拿项目提成，项目提成一般为10%～20%（因地域和底薪不同，项目提成比例会不同） |
| | 施工单位 | 独立完成招标信息的搜集整理工作、投标项目报名、投标文件的编制及相关资料的准备工作、中标信息查询汇总、合同管理归档等工作 | 约4000～6000元，独立承担项目拿项目提成，项目提成一般为2‰～5‰（因地域和底薪不同，项目提成比例会不同） |
| 高手 | 建设单位 | 全面负责招标工作全流程把控；<br>全面负责合同审核管理、条款审查、风险把控等工作；<br>项目投资及成本核算工作；<br>定期对公司的招标、合约模板进行修订；<br>定期对公司招标合约流程、制度进行修订；<br>全面负责供应商管理等工作 | 年薪20W+ |
| | 招标代理公司 | 有人脉资源，擅长跨部门沟通、客户资源对接等协调工作；<br>全面负责招标代理项目组织策划工作，协助客户做好合同签订及验收工作，以及其他招标代理相关工作；<br>负责招标过程各种文件的编制审核并能指导招标代理人员的工作；<br>负责招标代理项目执行中的监督、问题处理及客户投诉问题等工作 | 年薪20W+ |
| | 施工单位 | 有人脉资源，擅长跨部门沟通、客户资源对接等协调工作；<br>全面负责项目前期跟踪、控标方案编写、投标管理工作、审核项目成本及投标报价；<br>全面负责项目合约管理、成本分析管理、分包采购管理；<br>督导进度结算的提报与办理，部署竣工结算资料的收集，及时完成结算文件的编制、审核等工程结算工作；<br>进行项目成本回顾和经营总结等工作 | 年薪20W+ |

小伙伴们可以看一下现在的自己在哪个收入区间，然后可以把你的目标设定到后一个区间，找到胜任这个区间你需要达到的能力点，脚踏实地地努力前行就好，这是一个苦干的过程，没有捷径，少就是多、慢就是快。

薪资待遇水平的提高不是一蹴而就的，需要循序渐进，需要不断地提高自己的专业能力、沟通协调能力和管理能力，让自己具有不可替代性，能为公司创造价值，让自己更“值钱”，别人才愿意用更好的薪酬聘请你。

### 1.1.2　从小白到高手的跃迁之路

有一次，笔者遇到一个在施工单位做投标的小伙伴，我问他：“你都做些什么工作？”他说：“每天都很忙，去代理公司购买招标文件，缴纳投标保证金，退投标保证金……有时候一天要出去开好几个标，时间很赶，就像打仗一样，每天都在外面跑，就像一个陀螺时刻不停地转。”

“那标书谁做？”“标书有专门的人做。”

这个小伙伴能算作做投标的人吗？充其量他只能算是一个跑腿的，任何一个会开车的人都可以做这份工作，具有非常大的可替代性。

虽然都是做投标的人员，在施工单位内部还是会有分工：

（1）专门购买招标文件、退投标保证金、现场开标之类的跑腿人员；

（2）专门做商务标的人员；

（3）专门做技术标的人员；

（4）商务、技术全局把控，对外沟通协调，对内测算成本，控制投标报价的人员。

这几类人员中，如果要轻松一点就做前面三项工作，任何一项只要工作时间超过一年以上就会有固定的套路，工作相对轻松；最累的是全局把控、对整个项目负全责的人，但是这个工作也最具有成长性和挑战性，需要具有软素质和硬实力才能胜任，想要升职加薪还是做这样的复合型人才。

从小白到高手需要经历一个漫长的过程，很多人还未坚持下来就“死”在了坚持的路上。不想当将军的士兵不是好士兵，没有人不希望获得事业上的成功，但是却不知道应该如何执行，到底可以通过哪些途径让自己成长呢？

#### 1.考取建筑领域相关证书

建筑行业是一个越老越吃香的行业，建筑人才打通职场上升通道的必经之路是不断地考证，与招投标相关的是招标师，但是2016年6月国务院印发的《关于取消一批职业资格许可和认定事项的决定》已取消该证书。

我们还可以选择考取一些建筑行业相关的证书来提高自己的身价，比如二级建造师、一级建造师、造价工程师、咨询工程师、监理工程师、电气工程师等。考试要趁早，最好是在自己达到报考条件时就报考，最好一次性通过，这样可以节省时间做其他的事情。想要通过这些考试需要付出很多的时间、精力，是对体力和耐力的考验，一次性通过这些考试的人都有一部自己的“血泪史”。但是即使考过了，也不能代表你的水平就达到了，还有很多人是只会考证的“本本族”，建筑领域最终还是要靠不断地做项目积累工作经验，几个证书不足以让我们的建筑之路畅通无阻，既有证书又有实际工作能力才是王道，企业缺少的也正是这样的复合型人才。随着住房和城乡建设部“四库一平台”建设的不断完善，注册人员“挂证”将消失，人证合一是必然的趋势，在建筑企业工作且有证书的人必然会身价倍增，比如既是管理施工现场的项目经理同时又有二级建造师或者一级建造师的证书，这样的人才是未来的香饽饽。

### 2.提升学历

现在很多事业单位、国有企业、房地产公司在招聘时都要求硕士学历及以上，这个门槛把很多人拦在了门外。我们可以选择考取非全日制研究生来提升自己的学历，非全日制研究生不同于在职研究生，在职研究生只有学位证而没有毕业证。2017年以后非全日制研究生诞生，非全日制研究生与全日制研究生相同，既有毕业证，也有学位证。不过因为非全日制研究生改革时间较短，社会上容易把统招的非全日制研究生和非统招的在职研究生、非全日制的成人教育、自考、网络教育本科相混淆，所以造成了目前非全日制研究生就业存在歧视的现象。

目前双证招生专业主要有：MBA（工商管理学硕士）、MPA（公共管理学硕士）、MEM（工程管理学硕士）、MPACC（专业会计硕士）。可以根据自己的专业、工作单位性质以及未来的职业发展规划选择报考专业，建筑行业工作建议选择MEM，企业单位任职建议选择MBA，在事业单位或国有企业任职建议选择MPA。

非全日制研究生可以充分利用业余时间充实自己，提高自身竞争力，也不必放弃现有的工作，不会有经济负担；还可以结识专业领域内的精英人士，拓展自己的人脉；另外，不管是想要继续考博士、出国深造，还是参加国家公务员考试、单位评职称等都有很大的帮助。

### 3.职称证书

职称是指专业技术人员的专业技术水平、能力以及成就的等级称号，是反映专业技术人员技术水平、工作能力的标志。建筑领域职称对企业和个人都尤为重要。对企业来说，企业资质等级评定、资质维护升级以及企业参与投标时一般都会有具备相关专业职称人员的要求，职称是必备的材料；对个人来说，个人的工资福利、职务升迁会与职称挂钩，也是个人应聘专业技术职务的依据，是求职升职的利器，同时也是个人身份、地位、专业水平的象征。

职称级别一般分为高级、中级、初级三个级别。一般先从初级申报，初级分为技术员和助理工程师；中级是工程师；而高级可分为高级工程师和教授级高级工程师，详见表1-2。建议大家在参加工作后就开始把职称评定工作提上日程，它有益于个人专业领域的成长增值。

**职称级别分类** **表1-2**

| | |
|---|---|
| 初级职称 | 技术员 |
| | 助理工程师 |
| 中级职称 | 工程师 |
| 高级职称 | 高级工程师 |
| | 教授级高级工程师 |

职称晋升最常见的方式就是逐级满足年限和评定要求后晋升，依次取得初级职称（助理工程师）、中级职称（工程师）、高级职称（高级工程师、教授级高级工程师）。

随着职称晋升方式的多元化，为了让职称制度与职业资格制度有效衔接，避免交叉设置，减少重复评价，降低社会成本，使相同领域具有同等专业水平专业技术的人员得到认同，2019年各省市人力资源和社会保障局陆续发布了部分职业资格证书可对应职称证书的文件，文件明确规定了一级建造师、一级造价工程师、一级消防工程师、注册安全工程师等一批职业资格证书可以等同对应职称，但并不是另发职称证书，而是拥有这些证书时，在学历条件满足的情况下可以跳过初级、中级直接申报高一级别的职称。部分专业技术类职业资格与职称对应关系详见表1-3。

**部分专业技术类职业资格与职称对应表** **表1-3**

| 序号 | 准入类职业资格名称 | 对应职称名称 |
|---|---|---|
| 1 | 注册消防工程师 | 一级：工程师<br>二级：助理工程师 |
| 2 | 注册核安全工程师 | 工程师 |
| 3 | 房地产估价师 | 经济师 |
| 4 | 造价工程师 | 工程师或经济师 |
| 5 | 注册城乡规划师 | 工程师 |
| 6 | 注册验船师 | A级：工程师<br>B级：工程师或助理工程师<br>C级：助理工程师<br>D级：助理工程师或技术员 |
| 7 | 注册计量师 | 一级：工程师<br>二级：助理工程师 |

续表

| 序号 | 准入类职业资格名称 | | 对应职称名称 |
|---|---|---|---|
| 8 | 注册安全工程师 | | 中级：安全工程专业工程师<br>助理：安全工程专业助理工程师 |
| 9 | 注册测绘师 | | 工程师 |
| 10 | 注册会计师 | | 会计师或审计师 |
| 11 | 注册建筑师 | | 一级：工程师<br>二级：助理工程师 |
| 12 | 建造师 | | 一级：工程师<br>二级：助理工程师 |
| 13 | 注册工程师 | 注册结构工程师 | 一级：工程师<br>二级：助理工程师 |
| | | 注册土木工程师 | 工程师 |
| | | 注册化工工程师 | 工程师 |
| | | 注册电气工程师 | 工程师 |
| | | 注册公用设备工程师 | 工程师 |
| | | 注册环保工程师 | 工程师 |
| | | 注册石油天然气工程师 | 工程师 |
| | | 注册冶金工程师 | 工程师 |
| | | 注册采矿/矿物工程师 | 工程师 |
| | | 注册机械工程师 | 工程师 |

### 1.1.3　提升专业技能的方法

做任何事情都有一个从不会到会的过程，任何的成长都不是一蹴而就的，每一个高手都是从小白开始的，这中间需要经历很多的挫折与艰辛，事不避难、知难不难，不管遇到什么，找到正确的学习方法和做事的方式并坚持下来，先做简单的，再做有难度的，然后不断地重复，最后就能获得提升。

对于招投标，应如何一步步的采取行动呢？

1.强大的执行力

当你还是一个小白，不知道从哪里下手时，什么都不要想，坚持做下去就好。前5个项目自己拿着招标文件效仿别的同事做的投标文件，当你什么都不会时不要想太多，这个时候想了也是白想，一定要拿到项目开始做。

当你什么都不会时，公司基本也不会给你什么项目让你实操，以免给公司带来不必要的损失，这时自己要积极主动地参与其中，先从简单的模仿开始，遇到疑问都一一记下来。不论如何，先尝试着完成一份完整的标书，不要在细节上纠结，这个时候完成比完美更重要。

2.带着疑问找答案+不断思考

将自己做的标书与别人做的标书作比较，看看差距在哪里，找出差距，把之前列的疑问拿出来一一比对，看看别人是如何处理的。找不到答案的，及时向身边的领导和同事请教，务必搞清楚所有的细枝末节。

当你找到答案时要学会举一反三，不要在这个项目上你会了，放到别的项目上就不会了。要学会透过现象看本质，要知道为什么这样做、它的原理是什么。

每个项目做完都要复盘总结经验，慢慢积累属于自己的经验数据库，遇到问题直接到数据库中调取，避免犯同样的错误。

3.重复+先易后难+提升

第6～20个项目，你要勇担的承担，要独立做，要直接参与市场竞争。这时你肯定会有很多的疑问，而且每次投标遇到的问题都不一样，但是你要做的是把这些疑问逐一解决，在开标前你的困惑必须全部解决，这时不能因为害怕出错而不敢面对，这个时候错得越多，成长越快。

第20个项目过后，相当于你已经有了基础，简单的项目基本可以独立完成，这时不要嫌烦，不要膨胀，仍然需要多做项目，项目做得越多、接触得越多，你成长的就越快。当你有了50个以上项目的积累，随着解决的问题不断地增加，基本上你就能够独当一面了；当你做的项目超过100个，基本上你就是半个专家了。其实，只要不断地行动，坚持不懈地努力，持续在一个领域不断地坚持，自然就会成为高手，时间会证明一切，所有付出的汗水都会值得的。

有人会说，自己做了几年的投标，数量绝对超过100个，水平依然没有进步，这是为什么呢？这里要注意，每做完一个工程都要随时总结，这次遇到的问题用了什么样的解决方法，下次遇到同样的问题你该怎么优化和避免。随时复盘，才能不断进步。如果不思考、不反思，就会停留在原地，一直在自己的舒适区变成“井底之蛙”，直至被淘汰。

每个人都希望自己能够快速成长，但成长过程是漫长的，甚至努力了很久，却根本感觉不到什么变化，因为成长过程也和复利曲线一样，只有让量变引起质变突破拐点，增长速度才会如火箭上升一般势不可挡。

工作也是一样的，把每个项目都当作自己的一个小目标，每个项目都提炼总结经验，开始时可能没有效果，但是只要不断地做，重复地执行，踏踏实实走好每一步，只要专注于完成这些小目标，经过数量级的不断累积，你的成长就和复利曲线一样，会在某个时刻忽然觉得自己的水平猛长（图1-1）。项目做得越多，积累得越多，水平提升得越快。

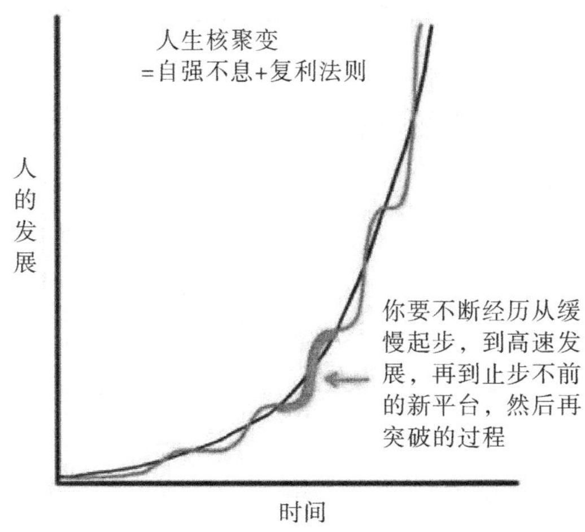


图1-1　时间与人的发展

### 1.1.4　招投标从业人员的必备素质

招投标概述

1.善于观察

观察身边的同事、领导是如何工作的。首先，基本的招标、投标文件的编制流程、编制方法需要自己通过书本或相关视频或网站学习，然后观察他们是如何编制商务标、技术标的，观察他们是如何确定投标报价的，如何提高项目中标率的，如何处理与建设单位、兄弟单位的关系的。有些东西师傅不会教你，要靠自己“偷学”、要看个人悟性的，即便是悟性不高的人，经过长时间的练习、观察和思考，洞察能力也会明显提升。

2.勤于发问

当遇到不懂的问题或难题时，找身边的同事、领导请教，只要能解决问题，不要碍于面子和羞于启齿。哪怕是进城务工人员，虽然他们学历没有你高，但是他所长期从事的工作经验也是可以做你的师傅，要虚心求教。

另外，如果你要请教领导或者某个领域的专家，建议网络上能查询到的问题不要去问，不要去问很“小白”的问题，人家不仅懒得回答，还会觉得你的层次水平比较低。尽量言简意赅地提出高质量的问题，让别人有回答的欲望，让别人能够感受到自己回答的价值，愿意与你进行专业问题的探讨交流。

3.执行力强

投标工作琐碎、繁杂、不能粗心，要细心、耐心。很多人觉得投标工作太烦琐，做到半路就放弃了。想做好投标工作，一定要有项目经验的积累，想要把投标做到极致就要多投标，投各种类型的标，用数量级的投标提升自己的水平。只要积极参与，就能从中发现很多问题，通过解决问题，你的专业水平就不知不觉地提高了，同时也能了解与本专业有关的其他知识，用数量级的积累引起质的变化。

4.认真严谨、胆大心细

投标人员一定要特别严谨、认真，要非常细心，关注每个细节，稍有差错就可能让整个团队的辛苦付诸东流，正所谓“差之毫厘，谬以千里”。心细才能减少失误，对自己的投标文件要仔细检查，不要留任何的问题点，只要是不明白的就一定要弄懂弄透为止。

5.做一个“又红又专”的多面手

想要做好招投标就要跳出招投标，不能沉迷于只做投标文件等具体的事务性工作，要跳出来站在更高的角度，比如要充分调动自己的自主性，主动解决问题，要能应对投标环节中出现的各种意外，要充分调动各方资源为我所用等。从项目前期跟踪到签订合同，再到后期验收结算，全过程跟踪项目，只有对项目有了深刻地认识，才能建立起自己的专业度，打造属于自己的个人品牌，才能有属于自己的核心竞争力。

优秀的商务经理基本在做的都是管理沟通协调性质的工作，投标文件不一定要亲自做，或者做的可能没有专业投标人员做得好，但是你要能安排合适的人做，你需要看得懂，也能看出投标人员做得对与错，还要能给出建设性的意见，不管遇到什么问题你都要能胸有成竹地解决。

有很多投标人员做不下去转行的，大多是因为受不了投标工作的枯燥乏味和巨大的精神压力，或者是一直停留在一个投标从业者初级投标水平而无法提升、看不到希望。笔者身边十年以上经验的招投标商务经理或者咨询单位的管理者或者是优秀的工程师，他们都有着出色的业务能力，都是在不断地变化中学习进步，用不变的学习心态应对时刻发生变化的工作，学会管理自己，管理他人，以不变应万变，才是投标从业者未来的出路。

## 1.2 建设单位、招标代理公司、施工单位招投标人员工作内容

有的人从事施工单位的投标工作，没有机会了解招投标的全貌，只知道投标的那部分，就像“盲人摸象、井底之蛙”，只了解自己的一亩三分地，外面的世界是什么样的完全不知道。有的人在招标代理公司只是编制招标文件，从来没有编制过投标文件，也没有了解到招投标的全貌。作为建设单位的招投标人员，只知道招投标前期的报批流程，后续的招标和投标是由代理公司和施工单位完成的，也没有了解到招投标的全貌。了解招投标的全过程对每一个招投标从业者都很重要，它能让你知道在整个流程中你所处的

位置，以及其他流程是如何进行的，让你对工作更有预见性和掌控感。

招标与投标工作在不同的单位、不同的岗位，工作的内容与重心是不同的。建设单位主要是招标人员的工作内容：负责编制项目招标文件、发布招标公告、项目开标、评标、发布中标通知书、合同签订等。

招标代理公司人员的工作内容：负责和建设单位对接，编制备案资料，发布招标文件，衔接相关单位发布招标答疑，开标各项事务，编制、送审招标备案资料，发布中标公示，文档资料的整理和管理等。

施工单位人员的工作内容：跟踪项目招标信息，了解项目招标进程，及时准确地把握项目动态；负责招标文件解读，标书编制；标书评审、封装，参与投标，投标结果反馈及报表分析；负责投标过程中的定价、总价计算问题并及时汇报上级领导，确保报价准确、合理，具有竞争性。

建设单位侧重于项目的整体把控，项目投资的核算控制，与各单位、各部门的沟通协调工作，以及招标风险把控；招标代理公司侧重于整个招标项目流程的控制以及项目质疑、投诉的处理；而施工单位侧重于项目投标，中标率是施工单位生存的核心。

## 1.3　招投标从业人员的能力要求

招投标行业的精英都是复合型人才，优秀的投标人员不会只做投标，而是在工作中积累经验，参与项目前期信息跟踪接洽、招投标全过程跟踪、项目合同签订、施工阶段的跟踪、项目变更签证、项目回款等环节。所以，招投标人员既要具备一定的硬素质——专业技术能力，又要有一定的软实力——沟通协调能力和出色的表达能力。

### 1.3.1　硬素质：专业技术基础知识

招投标人员的专业技术能力体现在以下几方面：

1.掌握国家招投标相关的法律法规知识

熟知当地招投标相关政策，掌握招投标流程、方法等基础知识。《中华人民共和国招标投标法》《中华人民共和国招标投标法实施条例》《中华人民共和国政府采购法》《中华人民共和国政府采购法实施条例》等法律法规必须了然于心，用的时候能够信手拈来。

2.能够独立编制招标文件或投标文件

作为招标人，你要知道招标文件的编制方法，招标文件如何编写不会被投标人质疑投诉，如何编写不会让投标人“钻空子”，如何编写能够让自己的利益最大化，等等。

作为投标人，你要掌握专业投标软件的使用方法，商务标、技术标编制方法等专业工作能力，知道如何能够避免废标，如何提高项目中标率，如何能够让自己在项目后期获得更多索赔和签证的机会，等等。

3.控制项目投资成本或投标报价测算

作为招标人，你要知道如何控制项目投资成本，如何提高招标采购效率，如何管理供应商，如何对项目成本进行动态监控执行。

作为投标人，你要知道如何根据项目特点采用不同的投标定价策略，如何核算项目的成本、提高项目的利润空间。

4.合同签订及合同风险控制

不管是招标还是投标，都要做好合同管理工作，主要是对合同条款设置、合同流程把控、合同风险控制、合同争议解决、合同管理数据的统计及分析等，在合同环节严格把控，降低项目风险。

5.应用专业软件能力

招投标人员需要掌握的几款软件有Word、Excel等基本办公软件，还有电子标书制作软件、造价软件、CAD软件、Photoshop软件、Project软件等专业工具。

Word、Excel等办公软件是招投标人员必须要熟练应用的，尤其是一本标书近千页，Word里面的导航窗格功能、目录自动生成功能、标题分级功能等可以大大提升效率；Excel表格里面的制表功能、筛选功能、函数运算功能也是工作中最常用的。

一般当地招标办或者公共资源交易中心都有统一的电子标书上传系统，网站上会有电子标书制作和上传的指南，也会有出现疑问交流答疑的群和联系方式，只要用心、肯花时间钻研，基本上在系统里投过几个标后都能应付自如。

造价软件有很多，例如广联达、新点智慧、世纪胜算等，软件功能基本上是大同小异的，选择能和当地投标系统无缝对接的软件就好。想要用好计价软件需要有一定的造价基础，要懂清单、会定额。不过现在有些投标人员直接导入招标清单，然后在系统云端自动匹配定额子目，检查是否有错漏项再加调整投标报价等一系列“傻瓜式”操作即可，用机器解放人工。

对于CAD软件、Photoshop软件、Project软件等软件，招投标人员不需要深入地学习但是要会用，比如能用CAD看图纸、量尺寸、算工程量，能用Photoshop对图片进行简单地处理，能用Project绘制进度表等。这些软件可以给我们的工作锦上添花，让我们工作得更完美、效率更高，不用事事都请求别人帮忙。

### 1.3.2　软实力：沟通协调能力

1.沟通协调能力

招投标方面的工作想要做好，绝对不是面对电脑做做标书而已，需要懂得沟通与协调，要对接项目招标人、招标代理公司、公司内部高层领导、具体执行人等其他项目利益相关方，要负责信息的相互传递。当其中某个环节沟通信息不顺畅时，我们有责任解决这种沟通混乱，提高交流效率。

2.争取资源的能力

项目前期跟踪以及招投标阶段需要公司提供人力、物力、财力的支持。为了获得公司的支持，需要与公司高层、平级部门保持良好的互动关系，为项目争取更多的优质资源和更大的扶持力度。

3.危机处理能力

每个项目都有自己的特殊性，从项目前期跟踪到项目招标投标再到合同签订阶段，每个环节都可能出现意想不到的情况，很多危机会悄无声息地到来，这就要求我们要有良好的心理素质来面对未知的挑战，能够根据收集到的信息策划出多套备选解决方案，根据外部情况变化选择出最佳解决方案，从容应对、解决危机。

4.抗击打能力

做招投标项目会遇到很多未知的问题，遇到困难挫折是很正常的，要迅速找到解决问题的方案，并且清楚再次遇到类似问题应怎么处理，要快速地站起来，用积极的心态乐观面对，而不是沉迷于情绪中，浪费时间内耗自己。招投标工作内容庞杂，涉及的知识面很广。当你遇到坎坷时，不要被暂时的起起伏伏所打倒，当你跌落谷底时要有触底反弹的能力，坚持走下去。

5.积极探索市场的能力

招投标是需要充分参与到市场竞争中的，要有过硬的业务能力，勇于探索市场，冷静分析竞争形势，结合企业实际情况，积极开发新客户，扩展业务的深度和广度。

# 第 2 章

# 建设工程招标流程

## 2.1 公开招标流程及案例实操

### 2.1.1 公开招标流程

招标投标是招标人按照法律规定程序在相关媒体公开发布招标文件，符合资格条件的投标人参与投标，招标人组织专家按照招标文件规定的评标标准，确定中标人并签订合同的过程，公开招标流程详见图2-1。在各地招投标操作中，招投标程序可能会存在一些差异。无论你是在施工单位、建设单位还是招标代理机构，你所接触的都是招投标完整流程中的某些环节。

1.招标前期准备工作

项目前期准备工作一般是编制招标方案，是针对本次招标组织实施工作的总体策划，包括项目立项，确定项目的功能、规模、造价、技术要求、进度要求、质量标准、招标组织形式、招标内容范围、选择招标方式、投标人资格条件、拟定合同条款等。

2.发布资格预审公告或招标公告

招标人在指定的媒体发布招标公告，招标公告应载明：

（1）招标人的名称、联系方式。

（2）招标代理机构的名称、联系方式。

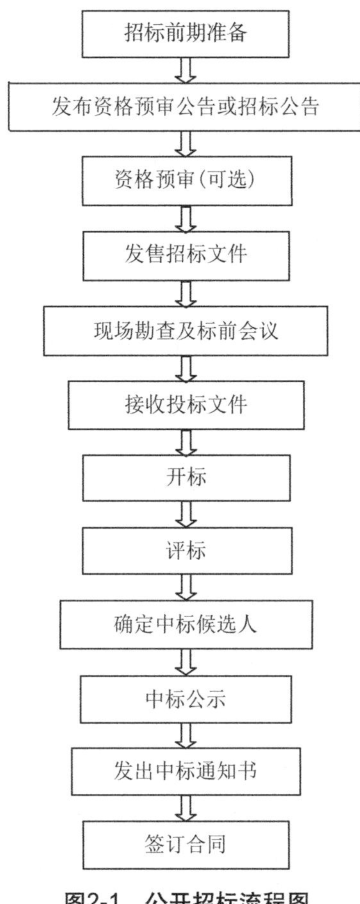


**图2-1 公开招标流程图**

（3）招标项目的概况：项目名称、建设规模、项目地点、质量要求、技术标准、工期要求等。

（4）获取招标文件或者资格预审文件的时间和地点。

（5）对投标人资格的要求及其他应提供的有关文件。招标人采用资格预审方式的，应当发布资格预审公告。

### 3.资格预审（可选）

资格预审是招标人根据项目本身的需求，要求投标人满足招标项目的资格条件，确定投标人是否有参与资格。

资格预审可以让招标人排除不具备相应资质和技术力量的投标人，提高招标效率，降低招标成本。同时，也可以让潜在投标人公平获取公开招标项目的投标竞争机会，确定自己是否满足招标项目的资格条件，避免投标资源浪费。

### 4.发售招标文件

由招标人或者招标人委托代理机构编制招标文件，招标文件应载明项目需求、对投标人的要求、投标报价要求、评标标准、拟签订合同主要条款等实质性条款。招标文件应按照招标公告规定的时间、地点发售。

5.现场勘查及标前会议

招标人根据项目特点和招标文件的规定，组织投标人现场勘查，使其了解项目现场情况、周边环境、交通状况等，为投标人合理分析工程造价、编制施工组织设计方案等提供决策依据。

标前会议是招标人解答、澄清投标人在现场勘查后或者研究招标文件后提出的问题。招标人可以在标前会议上对招标文件的错漏进行补充说明，或者对招标文件中的重点、难点内容进行说明。会议结束后，所有的解答、澄清文件，招标人应当用书面的形式发给所有获取招标文件的投标人。它属于招标文件的组成部分，具有同等的法律效力。

6.接收投标文件

投标人根据招标文件要求的格式和内容，结合自身企业实际情况编制投标文件。按照规定的时间、地点、联系方式递交投标文件，并根据招标文件要求递交投标保证金或保函。

在开标前，任何单位和个人均不得开启投标文件。

在招标文件要求的递交投标文件截止时间前，投标人可以撤回、修改或者补充已提交的投标文件。在招标文件要求的递交投标文件截止时间后送达的投标文件，招标人应当拒收。

7.开标、评标

开标应在招标文件规定的递交投标文件截止时间的同一时间公开进行，并根据实际情况确定是否需要监管部门或者公证部门进行监督。开标由招标人主持，邀请所有投标人参加。开标时应检查投标文件密封情况，标书签章是否完整齐全等，要当众宣读投标人名称、投标报价、工期、工程质量、项目负责人姓名等内容。

评标由招标人依法组建的评标委员会负责。评标委员会按照招标文件规定的评分标准和方法对有效的投标文件进行比较和评审，向招标人提交书面评标报告并推荐中标候选人。

8.中标

招标人按照评标委员会提交的评标报告和推荐的中标候选人以及公示结果确定中标人，向中标人发出中标通知书，同时将中标结果通知所有未中标的投标人。

《中华人民共和国招标投标法实施条例》第五十四条规定：依法必须进行招标的项目，招标人应当自收到评标报告之日起3日内公示中标候选人，公示期不得少于3日。

9.签订合同

招标人和中标人应当自中标通知书发出之日起30日内，按照招标文件和中标人的投标文件签订合同，且不得再订立背离合同实质性内容的其他协议。签订合同时，中标人应按招标文件要求提交履约保证金，并进行合同备案工作。

### 2.1.2　公开招标案例实操

一般公开招标的项目招标公告在当地的公共资源交易网或者是建筑工程交易网查询，可以把网页的相关界面都点开，了解网站内容设置和页面局部，重点看自己关心的招标公告等内容，涉及需要在交易系统投标的需要办理投标CA证书。很多新人第一次接触交易中心网站时，不知道怎么办，都是一脸懵的状态。作为投标新人想要顺利地在交易中心系统投标要怎么操作呢（图2-2）？

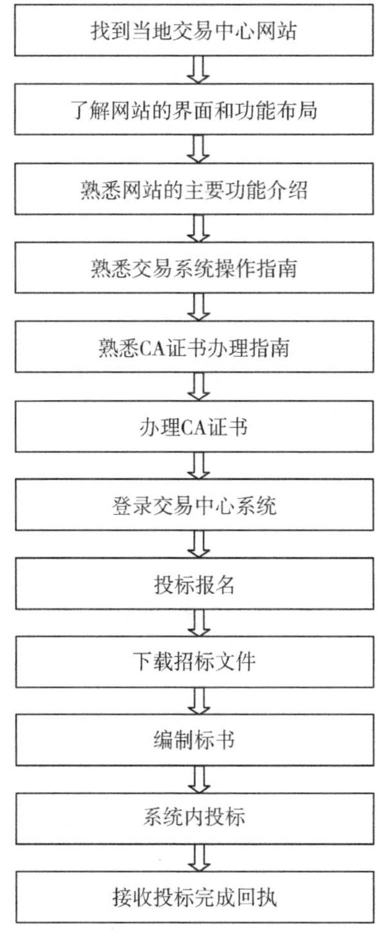


图2-2　交易中心操作流程图

1. 了解网站的主要功能

了解交易平台信息发布的界面，找到招标公告、中标公告、业绩公示等相关业务的板块布局等，如图2-3所示。作为投标人，要找到投标人登录交易平台的入口，为电子投标做好准备。

图2-3　苏州市公共资源交易中心网站

2. 熟悉交易系统的操作指南（图2–4）

（1）主要有投标人、代理机构、专家评标操作手册等。

（2）CA投标助手安装手册等。

（3）客户端安装程序等。

（4）供应商、代理机构、专家评标操作视频等。

网站公布的操作指南有很多，作为投标人不需要每个都了解，会浪费很多时间，只要找到与自己相关的投标方面的指引即可。不过很多人拿到操作指南都是一脸懵，来回看多少遍都搞不懂操作流程，这时候不妨放下操作指南先操作，遇到困难操作不下去再看指南，或者直接打电话咨询。

3. CA证书办理指南

一般来说，根据网站公示的流程办理即可，注册→登录→CA业务申请→上传相关材料→生成订单→完成付款→审核→发货，如图2-5所示。一般首次申请的CA证书为主锁。若不够用，最多可申请两把副锁（副锁无签章，其他功能和主锁完全一致）。注意：生成标书时所用CA证书必须和开标现场解密使用的CA证书一致。一般来说，CA证书的默认密码为123456。

图2-4　交易中心网站详细的系统操作指南

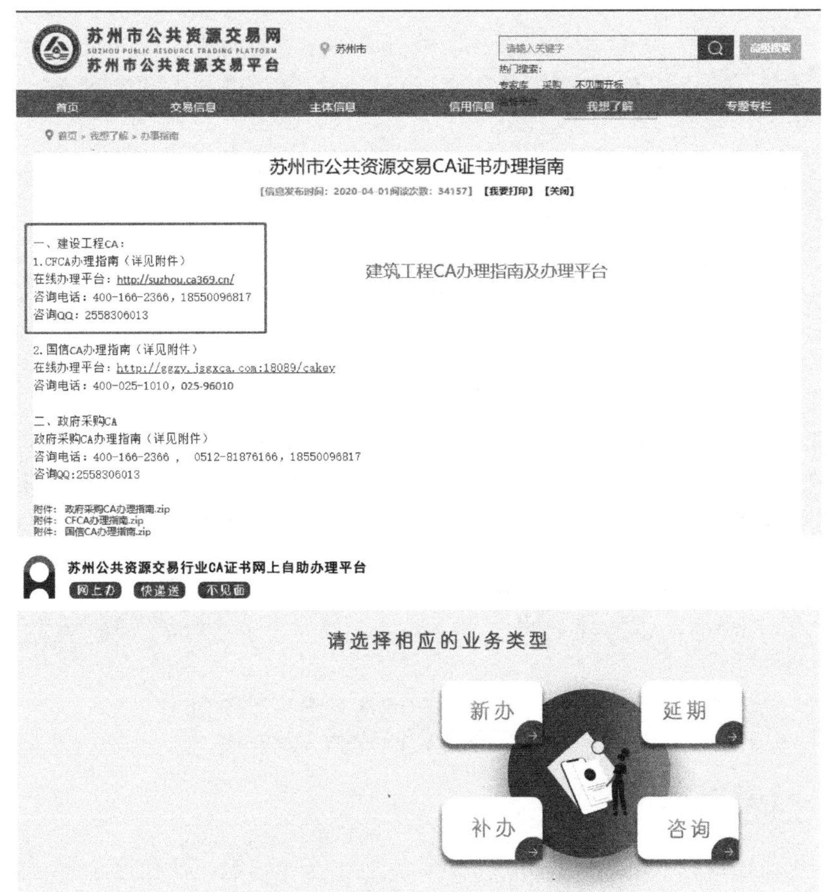


图2-5　CA证书办理指南

4.交易平台常见问题解答及汇总

一般会显示投标人使用过程中咨询频率最高或是最常见的问题，比如注册问题、登录问题、系统投标保证金管理问题、软件系统问题、办理CA证书的问题等，如图2-6所示。

**常见问题及解答(注册、登录、金融管理、软件系统等相关问题及解答)**

来源：苏州市公共资源交易中心 发布日期: 2020-05-29 13:17 访问量:47

**注册问题** 常见问题可以看解答，如果解决不了要及时电话沟通解决，不能留死角

一、问：苏州市公共资源交易中心交易平台注册流程？

答：1、登录苏州市公共资源交易平台，首页“交易服务”－“交易平台（入口）”－选地区－“建设工程使用人登录”－“免费注册”； 2、使用注册帐号进入平台，录入企业基本信息：①进入“诚信库”－下载并填写对应企业身份的《诚信承诺书》，盖单位公章及法人章后，扫描上传；②填报基本信息中红色“*”的必填项内容，并保存提交，完成企业信息注册；③若企业诚信库的基本信息处于“编辑中”，请核对所填报的内容，无误，“保存提交”；④若企业诚信库的基本信息处于“待验证”，请联系1-4号窗口，办理“退回”，企业完善信息后重新提交；⑤“诚信库管理”页面右上角提示“验证通过”，说明诚信库验证已完成。

二、问：企业名称变更或有误,如何操作？

答：供应商身份企业，请联系业务受理部（1-4号窗口），热线语音电话0512-69820847，请工作人员办理“退回”操作，企业填写正确信息后重新提交。其他身份的企业，请在交易平台“诚信库管理”－“基本信息”－“修改信息”作自行修改。

三、问：在交易平台注册时显示已注册，或注册时提示组织机构代码、单位名称重复，如何操作？

答：提示重复，则无需重复注册，请联系1-4号窗口，热线语音电话0512-69820847，请工作人员办理。

四、问：在交易平台注册时，企业忘记账号密码，如何办理重置？

答：填写《情况说明模板——投标企业或代理机构办理相关业务的申请事项表》（在苏州市公共资源交易平台“我想了解”或“办事指南”下载），实行 “一网通办”线上办理，请将申请材料发送至电子邮箱szzyjyywsl@163.com；收到申请后，即办理恢复初始密码“111111”。

**登录问题**

一、问：“账号密码重置”、“企业身份增删改”、“企业注册账号删除”等事项，企业如何办理？

答：请在苏州市公共资源交易平台“我想了解”或“办事指南”中下载《情况说明模板——投标企业或代理机构办理相关业务的申请事项表》，填报相关业务内容并盖章后，发送至电子邮箱szzyjyywsl@163.com；收到材料后即办理。

二、问：登录交易平台时提示：CA用户请用证书key登录.

答：出现此提示的单位，说明已在系统中激活过CA锁，系统控制激活过锁的单位必须用CA锁登录系统，使用账号密码无法登录系统。

三、问：首次登录系统，如何设置可信任站点？（主要表现为CA登录时出现读取失败）

**图2-6 交易平台常见问题解答及汇总**

5.交易中心联系方式

一般要办理好投标人的CA证书顺利投标会遇到各种问题，往往这些问题要涉及多个业务部门。作为投标人要搞清楚自己的问题是什么，这个问题应该找软件公司还是主管

部门或是代理机构，这样能快速、准确、高效地解决问题。有时会听到投标人抱怨政府部门办事效率不行，电话打过去没有人接等，其实我们也要反思自己是否找到了最佳途径，自己是否走了冤枉路而不自知，如图2-7所示。

图2-7　交易中心的联系方式

6.办理好CA证书，登录系统投标（图2–8）

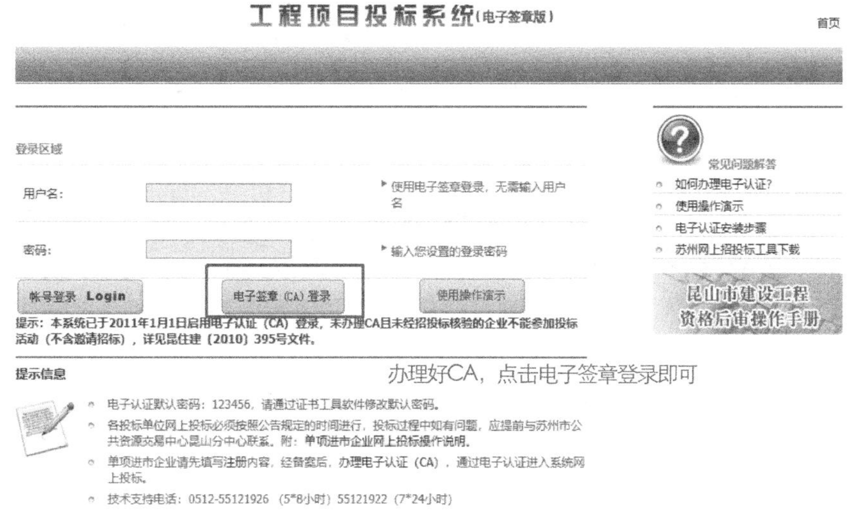


图2-8　投标系统登录

## 7.电子投标系统报名操作（图2-9～图2-16）

（1）选择要参与投标的工程名称

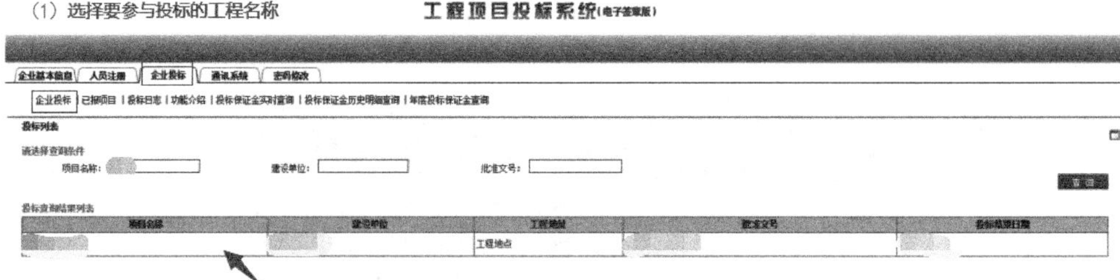


点击企业投标，选在要报名的项目名称

图2-9　选择要参与投标的工程名称

（2）选择标段名称

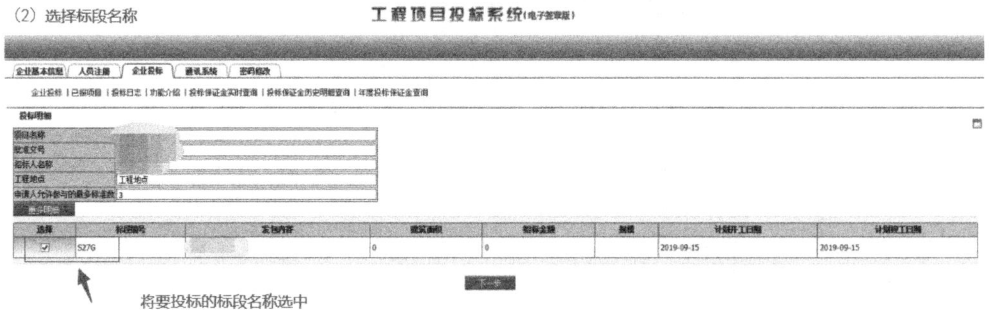


将要投标的标段名称选中

图2-10　选择标段名称

（3）选择企业资格审查附件

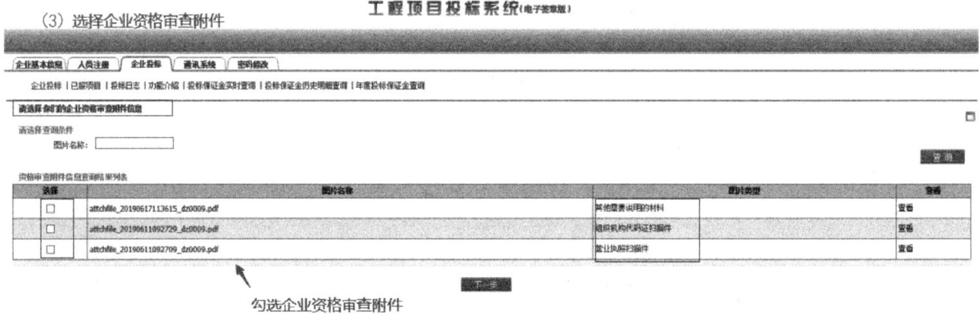


勾选企业资格审查附件

图2-11　选择企业资格审查附件

（4）选择企业业绩

工程项目投标系统(电子签章版)

如果项目需要上传企业业绩就要选取企业业绩

图2-12　选择企业业绩

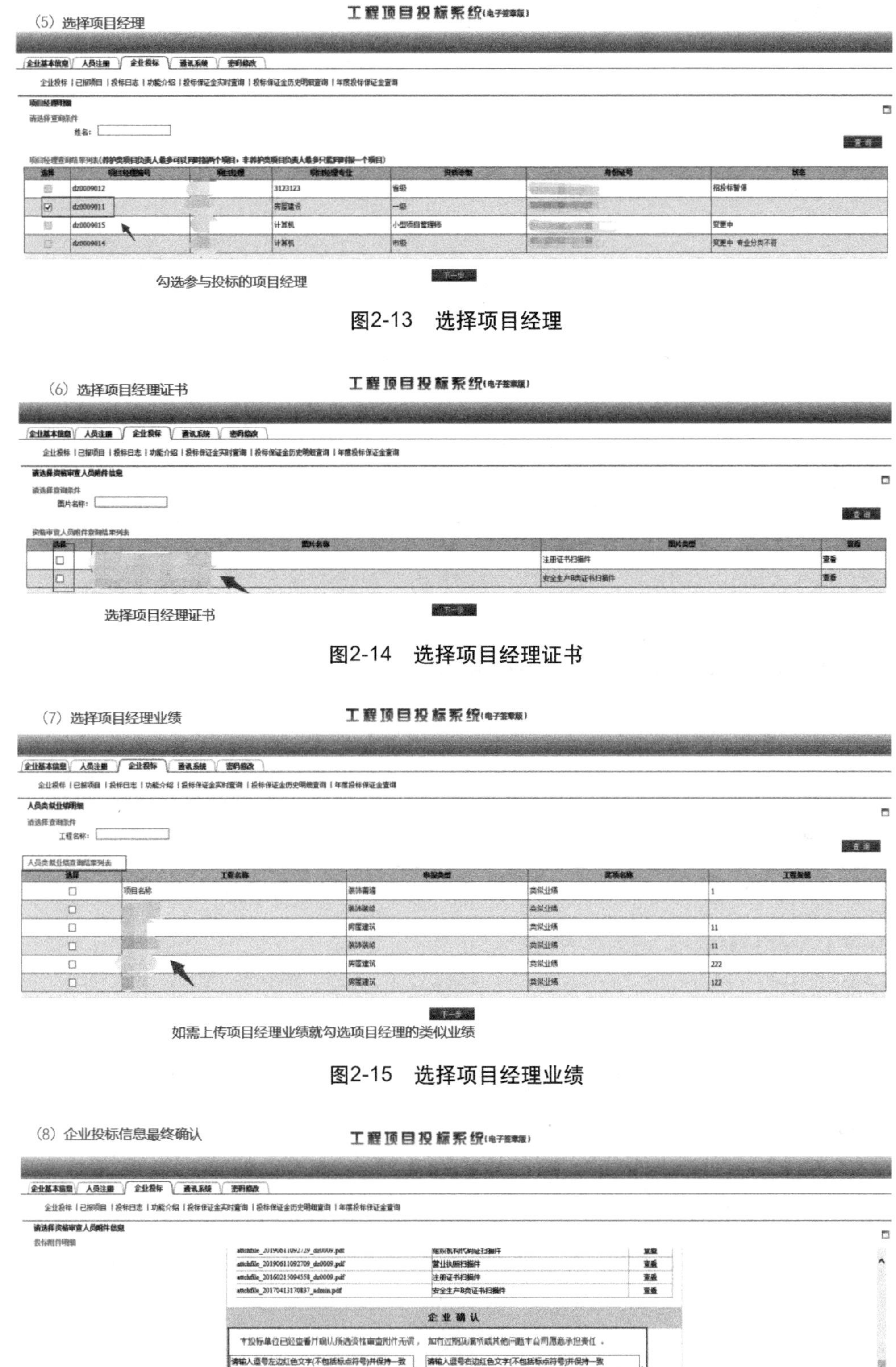


（5）选择项目经理

图2-13　选择项目经理

（6）选择项目经理证书

图2-14　选择项目经理证书

（7）选择项目经理业绩

图2-15　选择项目经理业绩

（8）企业投标信息最终确认

图2-16　企业投标信息确认

8.报名成功后下载招标控制价（图2–17）

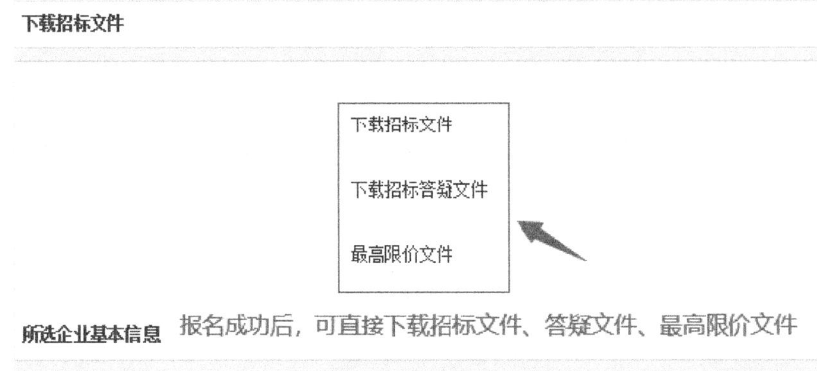


图2-17　招标文件、答疑文件、最高限价文件下载

## 2.2　建设工程自行招标和委托招标

招投标范围、种类、方式

招标组织形式可以分为业主自行招标和委托招标代理机构招标两种。

从字面上理解，自行招标就是招标人自己组织招标；委托招标就是委托代理机构，在代理权限范围内，以招标人的名义组织招标工作。

### 2.2.1　自行招标

1.自行招标相关规定

《中华人民共和国招标投标法》第十二条规定：招标人有权自行选择招标代理机构，委托其办理招标事宜。任何单位和个人不得以任何方式为招标人指定招标代理机构。

招标人具有编制招标文件和组织评标能力的，可以自行办理招标事宜。任何单位和个人不得强制其委托招标代理机构办理招标事宜。

依法必须进行招标的项目，招标人自行办理招标事宜的，应当向有关行政监督部门备案。

2.自行招标需要具备的条件

自行招标是招标人不委托招标机构，招标人自己进行招标的情况。根据《工程建设项目自行招标试行办法》，招标人自行办理招标事宜，应当具有编制招标文件和组织评标的能力。建设工程自行招标需要具备的条件详见表2-1。

**建设工程自行招标需要具备的条件**　　表2-1

| | |
|---|---|
| 1 | 具有项目法人资格（或者法人资格） |
| 2 | 具有与招标项目规模和复杂程度相适应的工程技术、概预算、财务和工程管理等方面的专业技术力量 |
| 3 | 有从事同类工程建设项目招标的经验 |
| 4 | 拥有3名以上取得招标职业资格的专职招标业务人员 |
| 5 | 熟悉和掌握招标投标法及有关法规规章 |

若不能满足以上条件，则需委托招标代理机构招标。

### 2.2.2　委托招标

招标代理机构是依法设立、从事招标代理业务并提供相关服务的社会中介组织，应具备从事招标代理业务的营业场所和相应资金，有能够编制招标文件和组织评标的相应专业力量。

招标代理机构应当在招标人委托的范围内承担招标事宜。招标代理机构可以在其资格等级范围内承担下列招标事宜，详见表2-2。

**招标代理机构应承担招标事宜**　　表2-2

| | |
|---|---|
| 1 | 拟订招标方案，编制和出售招标文件、资格预审文件 |
| 2 | 审查投标人资格 |
| 3 | 编制标底 |
| 4 | 组织投标人踏勘现场 |
| 5 | 组织开标、评标，协助招标人定标 |
| 6 | 草拟合同 |
| 7 | 招标人委托的其他事项 |

招标代理机构不得无权代理、越权代理，不得明知委托事项违法而进行代理。

### 2.2.3　自行招标和委托招标的区别

自行招标和委托招标的特点详见表2-3。招标人委托招标代理机构在相应范围内组织招标事宜，双方是委托与被委托的关系，招标人应充分享有应有的自主权，整个招投标过程是在招标人的参与和监督下进行的，最终决策权始终是由招标人掌握的。

自行招标和委托招标的特点 表2-3

| | |
|---|---|
| 委托招标特点 | 专业化水平高，具有很强的专业能力和丰富的管理经验，熟悉法律法规 |
| | 严格控制造价，公开、公平、公正地招到资质高、实力强的单位 |
| | 明确约定双方的权利义务，减少工程纠纷，既能保证项目质量又能保证项目的顺利实施 |
| | 为招标人提供规范流程、专业咨询、规避风险的全方位服务 |
| | 招标代理机构的恶性竞争下会降低项目采购过程的保密性，会出现串标、“收回扣”的现象 |
| 自行招标特点 | 环节相对较少，且节省时间和费用，对采购项目的效果控制明显 |
| | 从事招标工作的人员专业化水平、编标能力、专家资源相对不足 |
| | 需招标人内部多部门配合，容易出现流程烦琐、效率低的问题 |
| | 可能会泄漏招标信息、规避招标、内定中标单位、先施工后补招投标流程的情况 |
| | 因不专业、经验不足导致质疑和投诉情况 |

## 2.3 发布招标公告、发出资格预审文件或投标邀请书

招标公告发布的范围很大程度上决定了招标质量的好坏，可以让大范围的潜在投标人获取招标信息参与投标。为了避免招标人内定意向单位，或者投标人串通投标，招标人必须要做好招标公告的发布工作，避免潜在投标人数量太少而导致竞争力缺乏、招标效果不理想。

### 2.3.1 招投标法相关规定

《中华人民共和国招标投标法》第十六条规定：招标人采用公开招标方式的，应当发布招标公告。依法必须进行招标的项目的招标公告，应当通过国家指定的报刊、信息网络或者其他媒介发布。

招标公告应当载明招标人的名称和地址、招标项目的性质、数量、实施地点和时间以及获取招标文件的办法等事项。

《中华人民共和国招标投标法》第十七条规定：招标人采用邀请招标方式的，应当向三个以上具备承担招标项目的能力、资信良好的特定的法人或者其他组织发出投标邀请书。

《中华人民共和国招标投标法》第十八条规定：招标人可以根据招标项目本身的要求，在招标公告或者投标邀请书中，要求潜在投标人提供有关资质证明文件和业绩情况，并对潜在投标人进行资格审查，国家对投标人的资格条件有规定的，依照其规定。

### 2.3.2　招标公告发布注意事项

关于招标公告的发布媒介，需要注意以下几点：

（1）任何单位和个人不可非法限制招标公告的发布地点和发布范围。

（2）在指定媒介发布招标项目的境内招标公告时，不可收取费用。

（3）在两个以上媒介发布同一招标项目的招标公告的内容应相同。如果出现不一致，应以法定媒介内容为准。

在招标实施过程中，存在部分招标人为了让意向单位中标，采取不在法律规定的媒体发布公告，在不同的媒体发布的同一项目招标公告内容不一致，缩短投标文件递交截止时间等方法限制潜在投标人，使其得不到准确的招标信息、错失投标机会。

在招标实施过程中，也会存在用资格预审的方式限定潜在投标人的范围，缩小竞争，提高意向单位中标概率的情况。

随着我国招投标相关法律法规的健全，招标实施过程也越来越规范，能够有效控制招标公告发布环节的风险，让招标活动公平、公正、公开地进行。

1.招标公告格式（图2–18）

（项目名称）__________标段施工招标公告

1.招标条件

本招标项目__________（项目名称）已由__________（项目审批、核准或备案机关名称）以__________（批文名称及编号）批准建设，项目业主为__________，建设资金来自______（资金来源），项目出资比例为__________，招标人为__________。项目已具备招标条件，现对该项目的施工进行公开招标。

2.项目概况与招标范围

__________（说明本次招标项目的建设地点、规模、计划工期、招标范围、标段划分等）。

3.投标人资格要求

3.1本次招标要求投标人具备________资质，________业绩，并在人员、设备、资金等方面具有相应的施工能力。

3.2本次招标__________（接受或不接受）联合体投标。联合体投标的，应满足下列要求：__________。

3.3各投标人均可就上述标段中的______（具体数量）个标段投标。

4.招标文件的获取

4.1 凡有意参加投标者，请于___年___月___日至___年___月___日（法定公休日、法定节假日除外），每日上午____时至____时，下午___时至___时（北京时间，下同），在__________（详细地址）持单位介绍信购买招标文件。

4.2 招标文件每套售价____元，售后不退。图纸押金____元，在退还图纸时退还（不计利息）。

4.3 邮购招标文件的，需另加手续费（含邮费）____元。招标人在收到单位介绍信和邮购款（含手续费）后____日内寄送。

5.投标文件的递交

5.1 投标文件递交的截止时间（投标截止时间，下同）为___年___月___日____时___分，地点为__________。

5.2 逾期送达的或者未送达指定地点的投标文件，招标人不予受理。

图2-18　招标公告格式

6.发布公告的媒介

本次招标公告同时在________（发布公告的媒介名称）上发布。

7.联系方式

招 标 人：____________________ 招标代理机构：______________

地　　址：____________________ 地　　址：__________________

邮　　编：____________________ 邮　　编：__________________

联 系 人：____________________ 联 系 人：__________________

电　　话：____________________ 电　　话：__________________

传　　真：____________________ 传　　真：__________________

电子邮件：____________________ 电子邮件：__________________

网　　址：____________________ 网　　址：__________________

开户银行：____________________ 开户银行：__________________

账　　号：____________________ 账　　号：__________________

图2-18　招标公告格式（续）

## 2.交易中心网站公布的招标公告

招标公告一般发布在当地的公共资源交易中心网站或者是建筑工程交易中心的网站，如图2-19、图2-20所示。

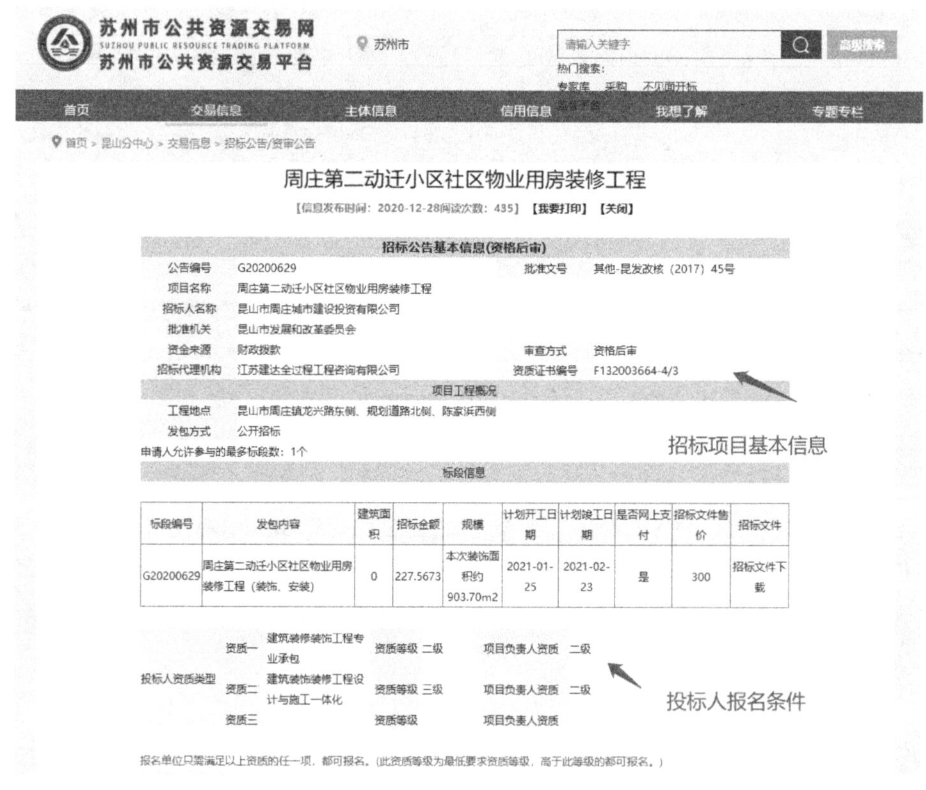

苏州市公共资源交易网
SUZHOU PUBLIC RESOURCE TRADING PLATFORM
苏州市公共资源交易平台

苏州市

请输入关键字　高级搜索
热门搜索：
专家库　采购　不见面开标

首页　交易信息　主体信息　信用信息　我想了解　专题专栏

首页 > 昆山分中心 > 交易信息 > 招标公告/资审公告

周庄第二动迁小区社区物业用房装修工程

【信息发布时间：2020-12-28阅读次数：435】【我要打印】【关闭】

招标公告基本信息(资格后审)

公告编号　G20200629　批准文号　其他-昆发改核（2017）45号
项目名称　周庄第二动迁小区社区物业用房装修工程
招标人名称　昆山市周庄城市建设投资有限公司
批准机关　昆山市发展和改革委员会
资金来源　财政拨款　审查方式　资格后审
招标代理机构　江苏建达全过程工程咨询有限公司　资质证书编号　F132003664-4/3

项目工程概况

工程地点　昆山市周庄镇龙兴路东侧、规划道路北侧、陈家浜西侧
发包方式　公开招标
申请人允许参与的最多标段数：1个

标段信息

| 标段编号 | 发包内容 | 建筑面积 | 招标金额 | 规模 | 计划开工日期 | 计划竣工日期 | 是否网上支付 | 招标文件售价 | 招标文件 |
|---|---|---|---|---|---|---|---|---|---|
| G20200629 | 周庄第二动迁小区社区物业用房装修工程（装饰、安装） | 0 | 227.5673 | 本次装饰面积约903.70m2 | 2021-01-25 | 2021-02-23 | 是 | 300 | 招标文件下载 |

| 投标人资质类型 | | | | |
|---|---|---|---|---|
| | 资质一 | 建筑装修装饰工程专业承包 | 资质等级 二级 | 项目负责人资质 二级 |
| | 资质二 | 建筑装饰装修工程设计与施工一体化 | 资质等级 三级 | 项目负责人资质 二级 |
| | 资质三 | | 资质等级 | 项目负责人资质 |

报名单位只需满足以上资质的任一项，都可报名。（此资质等级为最低要求资质等级，高于此等级的都可报名。）



图2-19　交易中心网站公布的招标公告（一）

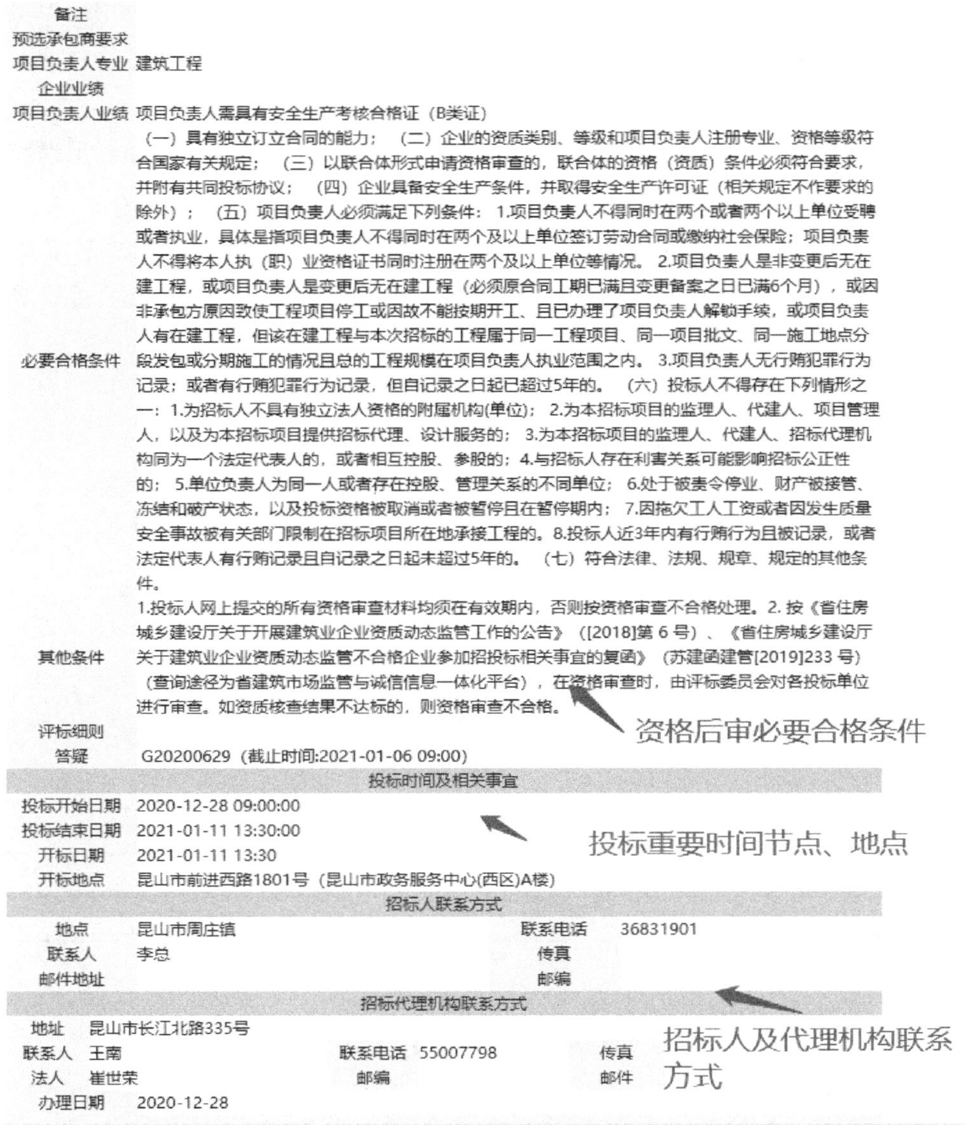

| 备注 | |
|---|---|
| 预选承包商要求 | |
| 项目负责人专业 | 建筑工程 |
| 企业业绩 | |
| 项目负责人业绩 | 项目负责人需具有安全生产考核合格证（B类证） |
| 必要合格条件 | （一）具有独立订立合同的能力；（二）企业的资质类别、等级和项目负责人注册专业、资格等级符合国家有关规定；（三）以联合体形式申请资格审查的，联合体的资格（资质）条件必须符合要求，并附有共同投标协议；（四）企业具备安全生产条件，并取得安全生产许可证（相关规定不作要求的除外）；（五）项目负责人必须满足下列条件：1.项目负责人不得同时在两个或者两个以上单位受聘或者执业，具体是指项目负责人不得同时在两个及以上单位签订劳动合同或缴纳社会保险；项目负责人不得将本人执（职）业资格证书同时注册在两个及以上单位等情况。2.项目负责人是非变更后无在建工程，或项目负责人是变更后无在建工程（必须原合同工期已满且变更备案之日已满6个月），或因非承包方原因致使工程项目停工或因故不能按期开工、且已办理了项目负责人解锁手续，或项目负责人有在建工程，但该在建工程与本次招标的工程属于同一工程项目、同一项目批文、同一施工地点分段发包或分期施工的情况且总的工程规模在项目负责人执业范围之内。3.项目负责人无行贿犯罪行为记录；或者有行贿犯罪行为记录，但自记录之日起已超过5年的。（六）投标人不得存在下列情形之一：1.为招标人不具有独立法人资格的附属机构(单位)；2.为本招标项目的监理人、代建人、项目管理人，以及为本招标项目提供招标代理、设计服务的；3.为本招标项目的监理人、代建人、招标代理机构同为一个法定代表人的，或者相互控股、参股的；4.与招标人存在利害关系可能影响招标公正性的；5.单位负责人为同一人或者存在控股、管理关系的不同单位；6.处于被责令停业、财产被接管、冻结和破产状态，以及投标资格被取消或者被暂停且在暂停期内；7.因拖欠工人工资或者因发生质量安全事故被有关部门限制在招标项目所在地承接工程的。8.投标人近3年内有行贿行为且被记录，或者法定代表人有行贿记录且自记录之日起未超过5年的。（七）符合法律、法规、规章、规定的其他条件。 |
| 其他条件 | 1.投标人网上提交的所有资格审查材料均须在有效期内，否则按资格审查不合格处理。2. 按《省住房城乡建设厅关于开展建筑业企业资质动态监管工作的公告》（[2018]第 6 号）、《省住房城乡建设厅关于建筑业企业资质动态监管不合格企业参加招投标相关事宜的复函》（苏建函建管[2019]233 号）（查询途径为省建筑市场监管与诚信信息一体化平台），在资格审查时，由评标委员会对各投标单位进行审查。如资质核查结果不达标的，则资格审查不合格。 |
| 评标细则 | |
| 答疑 | G20200629（截止时间:2021-01-06 09:00） |

资格后审必要合格条件

| 投标时间及相关事宜 | |
|---|---|
| 投标开始日期 | 2020-12-28 09:00:00 |
| 投标结束日期 | 2021-01-11 13:30:00 |
| 开标日期 | 2021-01-11 13:30 |
| 开标地点 | 昆山市前进西路1801号（昆山市政务服务中心(西区)A楼） |

投标重要时间节点、地点

| 招标人联系方式 | | | |
|---|---|---|---|
| 地点 | 昆山市周庄镇 | 联系电话 | 36831901 |
| 联系人 | 李总 | 传真 | |
| 邮件地址 | | 邮编 | |

| 招标代理机构联系方式 | | | | | |
|---|---|---|---|---|---|
| 地址 | 昆山市长江北路335号 | | | | |
| 联系人 | 王南 | 联系电话 | 55007798 | 传真 | |
| 法人 | 崔世荣 | 邮编 | | 邮件 | |
| 办理日期 | 2020-12-28 | | | | |

招标人及代理机构联系方式

图2-20　交易中心网站公布的招标公告（二）

## 2.4　编制招标控制价

### 2.4.1　什么是招标控制价？

按照现行国家标准《建设工程工程量清单计价规范》GB 50500—2013的规定，招标控制价是招标人根据国家或省级、行业建设主管部门颁发的有关计价依据和办法，以及拟定的招标文件和招标工程量清单，编制的招标工程的最高限价。

国有资金投资的工程建设项目应实行工程量清单招标，招标人应编制招标控制价。招标控制价应由具有编制能力的招标人或受其委托具有相应资质的工程造价咨询人编制和复核。

招标控制价应在招标时公布，不应上调或下浮，它是招标人用于对招标工程发包的最高控制限价，有的地方也称拦标价、预算控制价。

《中华人民共和国招标投标法实施条例》第二十七条规定：招标人设有最高限价的，应当在招标文件中明确最高限价或者最高限价的计算方法。招标人不得规定最低投标限价。

### 2.4.2 招标控制价编制依据

招标控制价编制依据详见表2-4。

招标控制价编制依据　　表2-4

| | |
|---|---|
| 1 | 《建设工程工程量清单计价规范》GB 50500—2013 |
| 2 | 国家或省级、行业建设主管部门颁发的计价定额和计价办法 |
| 3 | 建设工程设计文件及相关资料 |
| 4 | 招标文件中的工程量清单及有关要求 |
| 5 | 与建设项目相关的标准、规范、技术资料 |
| 6 | 施工现场情况、工程特点及常规施工方案 |
| 7 | 工程造价管理机构发布的工程造价信息；工程造价信息没有发布的，参照市场价 |

### 2.4.3 招标控制价编制方法

招标控制价编制方法详见表2-5。

招标控制价编制方法　　表2-5

| | | |
|---|---|---|
| 1 | 分部分项工程费 | 根据图纸进行项目特征描述和工程量计算，按计价规定确定综合单价 |
| | | 综合单价中应包括招标文件中要求投标人承担的风险费用 |
| | | 招标文件提供了暂估单价的材料，按暂估的单价计入综合单价 |
| 2 | 措施项目费 | 措施项目费应按招标文件中提供的措施项目清单确定 |
| | | 措施项目采用分部分项工程综合单价形式进行计价的工程量，应按措施项目清单中的工程量，并按规定确定综合单价 |
| | | 以“项”为单位的方式计价的，按规定确定除规费、税金以外的全部费用，以“项”计算的措施项目清单费=措施项目计费基数×费率 |
| | | 措施项目费中的安全文明施工费应当按照国家或省级、行业建设主管部门的规定标准计价 |

续表

| | | |
|---|---|---|
| 3 | 其他项目费 | 暂列金额：<br>暂列金额由招标人根据工程特点，按有关计价规定进行估算确定。为保证工程施工建设的顺利实施，在编制招标控制价时应对施工过程中可能出现的各种不确定因素对工程造价的影响进行估算，列出一笔暂列金额。暂列金额可根据工程的复杂程度、设计深度、工程环境条件(包括地质、水文、气候条件等)进行估算，一般可按分部分项工程费的10%～15%作为参考 |
| | | 暂估价：<br>暂估价包括材料暂估价和专业工程暂估价。暂估价中的材料单价应按照工程造价管理机构发布的工程造价信息或参考市场价格确定；暂估价中的专业工程暂估价应分不同专业，按有关计价规定估算 |
| | | 计日工：<br>计日工包括计日工人工、材料和施工机械。在编制招标控制价时，对计日工中的人工单价和施工机械台班单价应按省级、行业建设主管部门或其授权的工程造价管理机构公布的单价计算；材料应按工程造价管理机构发布的工程造价信息中的材料单价计算，工程造价信息未发布材料单价的材料，其价格应按市场调查确定的单价计算 |
| | | 总承包服务费：<br>招标人应根据招标文件中列出的内容和向总承包人提出的要求，参照下列标准计算：<br>①招标人仅要求对分包的专业工程进行总承包管理和协调时，按分包的专业工程估算造价的1.5%计算；<br>②招标人要求对分包的专业工程进行总承包管理和协调，并同时要求提供配合服务时，根据招标文件中列出的配合服务内容和提出的要求，按分包的专业工程估算造价的3%～5%计算；<br>③招标人自行供应材料的，按招标人供应材料价值的1%计算；<br>④招标控制价的规费和税金必须按国家或省级、行业建设主管部门的规定计算 |

招标控制价的表格格式如图2-21～图2-27所示。

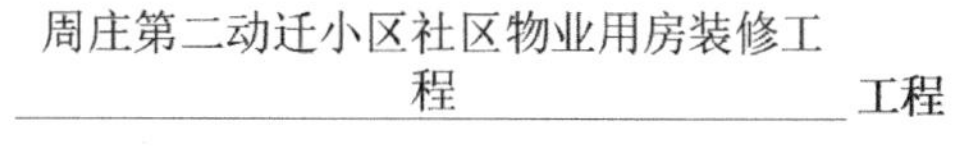

周庄第二动迁小区社区物业用房装修工程　工程

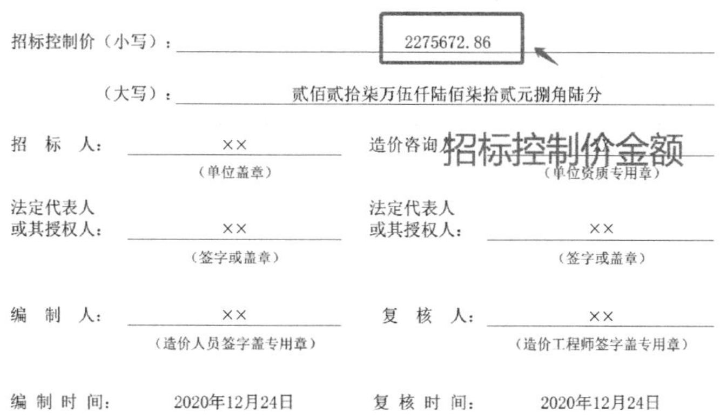

招 标 控 制 价

招标控制价（小写）：2275672.86

（大写）：贰佰贰拾柒万伍仟陆佰柒拾贰元捌角陆分

招　标　人：××（单位盖章）　　造价咨询人：（单位资质专用章）

法定代表人或其授权人：××（签字或盖章）　　法定代表人或其授权人：××（签字或盖章）

编　制　人：××（造价人员签字盖专用章）　　复　核　人：××（造价工程师签字盖专用章）

编 制 时 间：2020年12月24日　　复 核 时 间：2020年12月24日



**图2-21　招标控制价封面**

## 单项工程招标控制价表

工程名称：周庄第二动迁小区社区物业用房装修工程 第1页 共1页

| 序号 | 单位工程名称 | 金额（元） | 其中：（元） | | |
|---|---|---|---|---|---|
| | | | 暂估价 | 安全文明施工费 | 规费 |
| 1 | 周庄第二动迁小区社区物业用房装修工程 | 1977100.51 | | 32734.93 | 49747.78 |
| 2 | 周庄第二动迁小区社区物业用房安装 | 298572.35 | | 4409.60 | 7512.68 |
| 合 计 | | 2275672.86 | | 37144.53 | 57260.46 |

本项目由装饰、安装两个单位工程组成

【新点2013清单造价江苏版 V10.3.5】

图2-22 单项工程招标控制价汇总表

## 单位工程招标控制价表

工程名称：周庄第二动迁小区社区物业用房装修工程 标段： 第1页 共1页

| 序号 | 汇总内容 | 金额(元) | 其中：暂估价(元) |
|---|---|---|---|
| 1 | 分部分项工程费 | 1676113.96 | |
| 1.1 | 人工费 | 386326.88 | |
| 1.2 | 材料费 | 1054278.49 | |
| 1.3 | 施工机具使用费 | 7227.54 | |
| 1.4 | 企业管理费 | 169229.38 | |
| 1.5 | 利润 | 59051.70 | |
| 2 | 措施项目费 | 87991.94 | |
| 2.1 | 单价措施项目费 | 28830.38 | |
| 2.2 | 总价措施项目费 | 59161.56 | |
| 2.2.1 | 其中：安全文明施工措施费 | 32734.93 | |
| 3 | 其他项目费 | | |
| 3.1 | 其中：暂列金额 | | |
| 3.2 | 其中：专业工程暂估 | | |
| 3.3 | 其中：计日工 | | |
| 3.4 | 其中：总承包服务费 | | |
| 4 | 规费合计 | 49747.78 | |
| 5 | 税金 | 163246.83 | |
| 招标控制价合计=1+2+3+4+5-甲供材料费_含设备/1.01 | | 1977100.51 | |

单位工程招标控制价的组成

【新点2013清单造价江苏版 V10.3.5】

图2-23 单位工程招标控制价表

## 分部分项工程和单价措施项目清单与计价表

工程名称：周庄第二动迁小区社区物业用房装修工程 标段：　　　　第9页 共10页

| 序号 | 项目编码 | 项目名称 | 项目特征描述 | 计量单位 | 工程量 | 金额（元） | | |
|---|---|---|---|---|---|---|---|---|
| | | | | | | 综合单价 | 合价 | 其中<br>暂估价 |
| 97 | 010808004001 | 金属门套 | 原土建防火门；木龙骨细木工板基层；基层板防火漆三遍；1.2mm厚黑钛不锈钢板门套 | $m^2$ | 5.34 | 604.51 | 3228.08 | |
| 98 | 010606013001 | 三层吊顶钢结构反向支撑 | ∟50×50×5镀锌角钢制作、安装 | t | 4.031 | 10693.91 | 43107.15 | |
| 99 | 010515001001 | 现浇构件钢筋 | 现浇构件，现浇混凝土构件钢筋 直径（mm）ϕ12以内 | t | 0.212 | 6176.35 | 1309.39 | |
| 100 | 010515001002 | 现浇构件钢筋 | 现浇构件，现浇混凝土构件钢筋 直径（mm）ϕ25以内 | t | 0.492 | 5254.09 | 2585.01 | |
| | | 分部小计 | | | | | 479367.08 | |
| | | 楼梯（共2个楼梯 1～3F 楼梯栏杆沿用土建栏杆） | | | | | | |
| 101 | 011106002001 | 块料楼梯面层 | 20mm厚1:3水泥砂浆基层；5mm厚1:1水泥砂浆粘贴成品300×600楼梯地砖含磨边及防滑槽；成 | $m^2$ | 69.7 | 351.34 | 24488.40 | |
| 102 | 011102003008 | 楼梯休息平台地砖 | 20mm厚水泥砂浆（1:3）基层；20mm厚干硬性水泥砂浆粘贴800×800防滑地砖；成品保护 | $m^2$ | 71.66 | 288.97 | 20707.59 | |
| 103 | 010809004003 | 石材窗台板 | 150+40mm宽20厚灰色大理石窗台板；石材磨边加工45°斜边1道 | m | 14.92 | 129.16 | 1927.07 | |
| 104 | 011407002004 | 天棚喷刷涂料 | 顶棚面901胶混合腻子批、刷无机涂料二遍；界面剂一道；拆除铲除墙面腻 | $m^2$ | 187.28 | 55.51 | 10395.91 | |
| 105 | 011407001004 | 墙面喷刷涂料-1 | 内墙面 在抹灰面上901胶混合腻子批、刷无机涂料各二遍；界面剂一道；拆除铲除墙面腻子 | $m^2$ | 515.17 | 52.54 | 27067.03 | |
| | | 分部小计 | | | | | 84586.00 | |
| | | 分部分项合计 | | | | | 1676113.96 | |
| 1 | 011702001001 | 模板工程 | | 项 | 1 | 7438.10 | 7438.10 | |
| 2 | 011701006001 | 满堂脚手架 | 满堂脚手架 基本层高3.6m以内 | $m^2$ | 439.09 | 15.07 | 6617.09 | |
| 3 | 011703001001 | 垂直运输 | 单独装饰工程垂直运输，卷扬机 垂直运输高度（层数）20m（6）以内 | 天 | 2711.044 | 5.45 | 14775.19 | |
| | | | | | | | | |
| | | 本页小计 | | | | | 163646.01 | |

分部分项费用构成明细

单价措施项目

图2-24　分部分项工程和单价措施项目清单与计价表

## 总价措施项目清单与计价表

工程名称：周庄第二动迁小区社区物业用房装修工程　　　　标段：　　　　第1页 共1页

| 序号 | 项目编码 | 项目名称 | 计算基础 | 费率（%） | 金额（元） | 调整费率（%） | 调整后金额（元） | 备注 |
|---|---|---|---|---|---|---|---|---|
| 1 | 01170700100 | 现场安全文明施工 | | 100.000 | 32734.93 | | | |
| 1.1 | | 基本费 | 分部分项合计+单价措施项目合计-除税工程设备费 | 1.700 | 28984.05 | | | |
| 1.2 | | 省级标化增加费 | 分部分项合计+单价措施项目合计-除税工程设备费 | | | | | |
| 1.3 | | 扬尘污染防治增加费 | 分部分项合计+单价措施项目合计-除税工程设备费 | 0.220 | 3750.88 | | | |
| 2 | 01170700200 | 夜间施工 | 分部分项合计+单价措施项目合计-除税工程设备费 | 0.080 | 1363.96 | | | |
| 3 | 01170700300 | 非夜间施工照明 | 分部分项合计+单价措施项目合计-除税工程设备费 | | | | | |
| 4 | 01170700500 | 冬雨期施工 | 分部分项合计+单价措施项目合计-除税工程设备费 | 0.090 | 1534.45 | | | |
| 5 | 01170700700 | 已完工程及设备保护 | 分部分项合计+单价措施项目合计-除税工程设备费 | 0.100 | 1704.94 | | | |
| 6 | 01170700800 | 临时设施 | 分部分项合计+单价措施项目合计-除税工程设备费 | 1.200 | 20459.33 | | | |
| 7 | 01170700900 | 赶工措施 | 分部分项合计+单价措施项目合计-除税工程设备费 | | | | | |
| 8 | 01170701000 | 按质论价 | 分部分项合计+单价措施项目合计-除税工程设备费 | | | | | |
| 9 | 01170701100 | 住宅分户验收 | 分部分项合计+单价措施项目合计-除税工程设备费 | | | | | |
| 10 | 01170701200 | 建筑工人实名制费用 | 分部分项合计+单价措施项目合计-除税工程设备费 | 0.030 | 511.48 | | | |
| 11 | 01170750100 | 苏安码管理增加费 | 分部分项合计+单价措施项目合计-除税工程设备费 | 0.050 | 852.47 | | | |
| 合计 | | | | | 59161.56 | | | |

总价措施费项目明细

【新点2013清单造价江苏版 V10.3.5】

**图2-25　总价措施项目清单与计价表**

## 承包人供应主要材料一览表

工程名称：周庄第二动迁小区社区物业用房装修工程 标段：　　　　　　　　　　　　　　　　第1页 共5页

| 序号 | 材料编码 | 材料名称 | 规格、型号等要求 | 单位 | 数量 | 单价（元） | 合价（元） | 备注 |
|---|---|---|---|---|---|---|---|---|
| 1 | 01010100 | 钢筋 综合 | | t | 0.71808 | 3664.00 | 2631.05 | |
| 2 | 01210101 | 镀锌 角钢 | | kg | 147.42 | 5.07 | 747.71 | |
| 3 | 01270100 | 镀锌 型钢 | | t | 4.23255 | 5072.00 | 21467.49 | |
| 4 | 01291713 | 1.2mm厚黑钛不锈钢板 | | $m^2$ | 5.87934 | 260.00 | 1528.63 | |
| 5 | 01510705 | 角铝 ∟25×25×1 | | m | 97.01628 | 5.14 | 498.66 | |
| 6 | 01630201 | 钨棒 精制 | | kg | 0.00586 | 557.36 | 3.27 | |
| 7 | 01672505 | 铝合金检修口（成品）450×450 | | 个 | 21.21 | 55.00 | 1166.55 | |
| 8 | 02070261 | 橡皮垫圈 | | 百个 | 0.30425 | 25.72 | 7.83 | |
| 9 | 02090101 | 塑料薄膜 | | $m^2$ | 3.7707 | 0.69 | 2.60 | |
| 10 | 02270105 | 白布 | | $m^2$ | 0.070112 | 3.43 | 0.24 | |
| 11 | 02290401 | 麻袋 | | 条 | 741.73 | 4.29 | 3182.02 | |
| 12 | 02310101 | 无纺布 | | $m^2$ | 58.4031 | 0.77 | 44.97 | |
| 13 | 03010322 | 铝拉铆钉 LD-1 | | 十个 | 2.1906 | 0.26 | 0.57 | |
| 14 | 03030405 | 铜木螺钉 3.5×25 | | 十个 | 117.6 | 0.60 | 70.56 | |
| 15 | 03031206 | 自攻螺钉 M4×15 | | 十个 | 624.67425 | 0.26 | 162.42 | |
| 16 | 03031222 | 自攻螺钉 M5×25~30 | | 十个 | 41.9865 | 0.48 | 20.15 | |
| 17 | 03032113 | 塑料胀管螺钉 | | 套 | 59.633 | 0.09 | 5.37 | |
| 18 | 03051106 | 不锈钢六角螺栓 M5×30 | | 套 | 6.446 | 0.51 | 3.29 | |
| 19 | 03070114 | 膨胀螺栓 M8×80 | | 套 | 306.4397 | 1.06 | 324.83 | |
| 20 | 03070132 | 膨胀螺栓 M12×110 | | 套 | 717.518 | 2.92 | 2095.15 | |
| 21 | 03070821 | 胀头、胀管 | | 套 | 519.10248 | 0.43 | 223.21 | |
| 22 | 03110141 | 镀锌丝杆 | | kg | 2[illegible]5.314 | 5.14 | 1106.71 | |
| 23 | 03210313 | 金刚石磨边轮 100×16（粒度120~150#） | | 片 | 9.0064 | 5.57 | 50.17 | |
| 24 | 03410205 | 电焊条 J422 | | kg | 91.33506 | 6.26 | 571.76 | |
| 25 | 03430205 | 不锈钢焊丝 1Cr18Ni9Ti | | kg | 0.07032 | 38.59 | 2.71 | |
| 26 | 03510701 | 铁钉 | | kg | 15.655397 | 5.36 | 83.91 | |
| 27 | 03510705 | 铁钉 70mm | | kg | 44.5587 | 5.36 | 238.83 | |
| 28 | 03512000 | 射钉 | | 百个 | 0.18255 | 18.01 | 3.29 | |
| 29 | 03550101 | 钢丝网 | | $m^2$ | 13.387 | 7.89 | 105.62 | |
| 30 | 03570216 | 镀锌钢丝 8# | | kg | 6.849804 | 5.92 | 40.55 | |
| 31 | 03570237 | 镀锌钢丝 22# | | kg | 2.643085 | 6.33 | 16.73 | |
| 32 | 03590704 | L形铁件 L100×40×1.0 | | 块 | 89.895 | 0.81 | 72.81 | |

招标控制价的主要材料价格，投标人可以参考其价格

【新点2013清单造价江苏版 V10.3.5】

**图2-26　承包人供应主要材料一览表**

规费、税金项目计价表

工程名称：周庄第二动迁小区社区物业用房装修工程 标段： 第1页 共1页

| 序号 | 项目名称 | 计算基础 | 计算基数（元） | 计算费率（%） | 金额（元） |
|---|---|---|---|---|---|
| 1 | 规费合计 | 社会保险费+住房公积金+环境保护税 | 49747.78 | 100.000 | 49747.78 |
| 1.1 | 社会保险费 | 分部分项工程量清单计价合价+措施项目清单计价合价+其他项目清单计价合价-除税工程设备费 | 1764105.90 | 2.400 | 42338.54 |
| 1.2 | 住房公积金 | 分部分项工程量清单计价合价+措施项目清单计价合价+其他项目清单计价合价-除税工程设备费 | 1764105.90 | 0.420 | 7409.24 |
| 1.3 | 环境保护税 | 分部分项工程量清单计价合价+措施项目清单计价合价+其他项目清单计价合价-除税工程设备费 | 1764105.90 | | |
| 2 | 税金 | 分部分项工程量清单计价合价+措施项目清单计价合价+其他项目清单计价合价+规费合计-除税甲供材料和甲供设备费/1.01 | 1813853.68 | 9.000 | 163246.83 |
| 合 计 | | | | | 212994.61 |

规费、税金项目明细

【新点2013清单造价江苏版 V10.3.5】

图2-27 规费、税金项目计价表

## 2.4.4 招标控制价的作用

招标控制价的作用详见表2-6。

招标控制价的作用 表2-6

| | |
|---|---|
| 1 | 招标人有效控制工程造价，招标控制价是招标人对招标项目所能接受的最高价格，超过该价格的，招标人不予接受 |
| 2 | 投标人根据项目实际情况，结合自己企业的综合实力等报价，不必揣测招标人的标底，有利于引导投标方投标报价，避免投标方无标底情况下的无序竞争 |
| 3 | 作为评标的参考依据，避免出现较大偏离，可为工程变更、新增项目确定综合单价提供计算依据 |

## 2.4.5 标底价和招标控制价的区别

标底是招标人可以接受的项目投资，应根据批准的初步设计、投资概算，依据有关计价办法，参照有关工程定额，结合市场供求状况，综合考虑投资、工期和质量等方面的因素合理确定。在招标实施中，标底在货物、服务类项目中使用较少，在工程类项目中使用较为广泛。

招标人可以根据项目特点决定是否编制标底。编制标底的，标底编制过程和标底在开标前必须保密。

我国大部分工程在招标评标时，均以标底上下的一个幅度为判断投标是否合格的条件。这就造成了只要投标人预先知道标底就能确定中标的情形，形成了投标人想方设法拿到标底价轻松中标的套路。

招标控制价的设置是出于投资控制原则，投标人拿到标底就能中标的套路完全失效，最高限价招标是目前政府投资项目的主流方式。标底价和招标控制价的区别详见表2-7。

**标底价和招标控制价的区别**　　　　**表2-7**

| 名称 | 招标控制价 | 标底 |
| --- | --- | --- |
| 要求 | 公开 | 开标前保密 |
| 公布形式 | 招标文件中公布 | 开标现场公布 |
| 评标依据 | 直接依据 | 仅供参考 |
| 是否可以否决投标 | 投标报价超过招标控制价，评标委员会可以直接否决其投标 | 标底只能作为评标的参考，评标委员会不可以投标报价是否接近标底作为中标条件，也不得以投标报价超过标底上下浮动范围作为否决投标的条件 |

招标控制价是事先公布的最高限价。投标价不会高于招标控制价。标底是密封的，开标唱标后公布。招标控制价只起到最高限价的作用，投标人的报价都要低于该价，而且招标控制价不参与评分，也不在评标中占有权重，只是作为一个具体建设项目工程造价的参考。标底在评标过程中一般参考评标，即复合标底A+B模式，在评标过程中占有权重，所以说标底影响投标人中标。

评标时，投标报价不能超过招标控制价，否则投标无效。标底是招标人期望的中标价，投标价格越接近这个价格越容易中标。

### 2.4.6　招标控制价的格式

投标人下载招标控制价有两种方式。对于已报名的投标人，可以在电子投标报名系统中下载招标文件；对于未报名的投标人，可以在交易中心网站的最高限价公示板块下载招标控制价，如图2-28、图2-29所示。

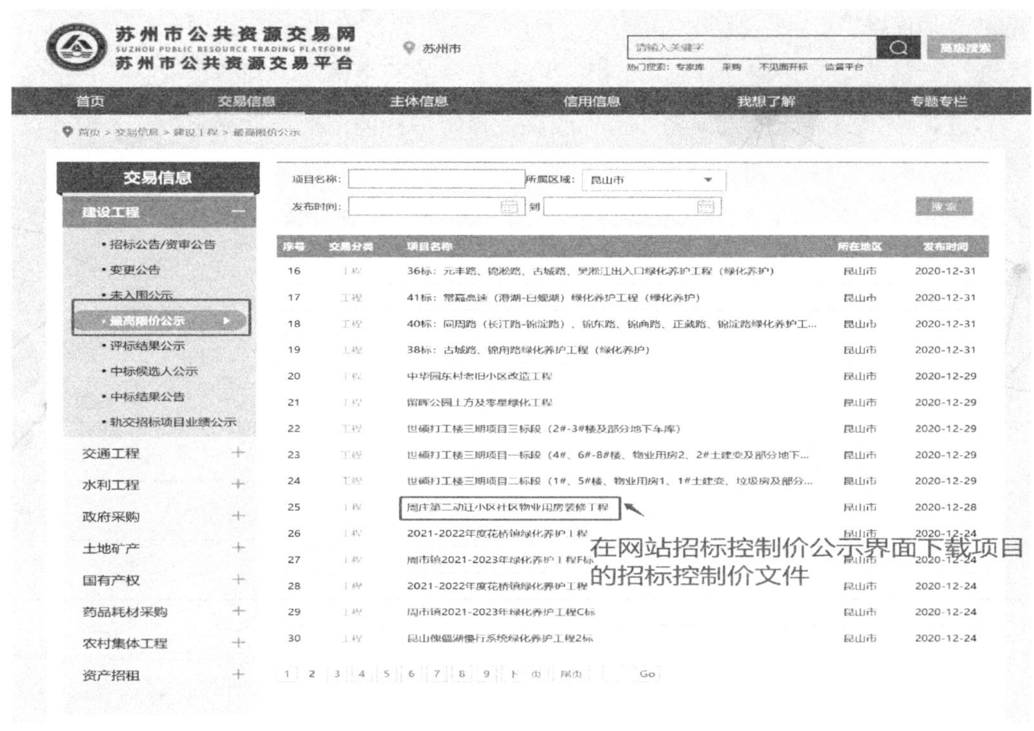


图2-28　招标控制价下载（一）

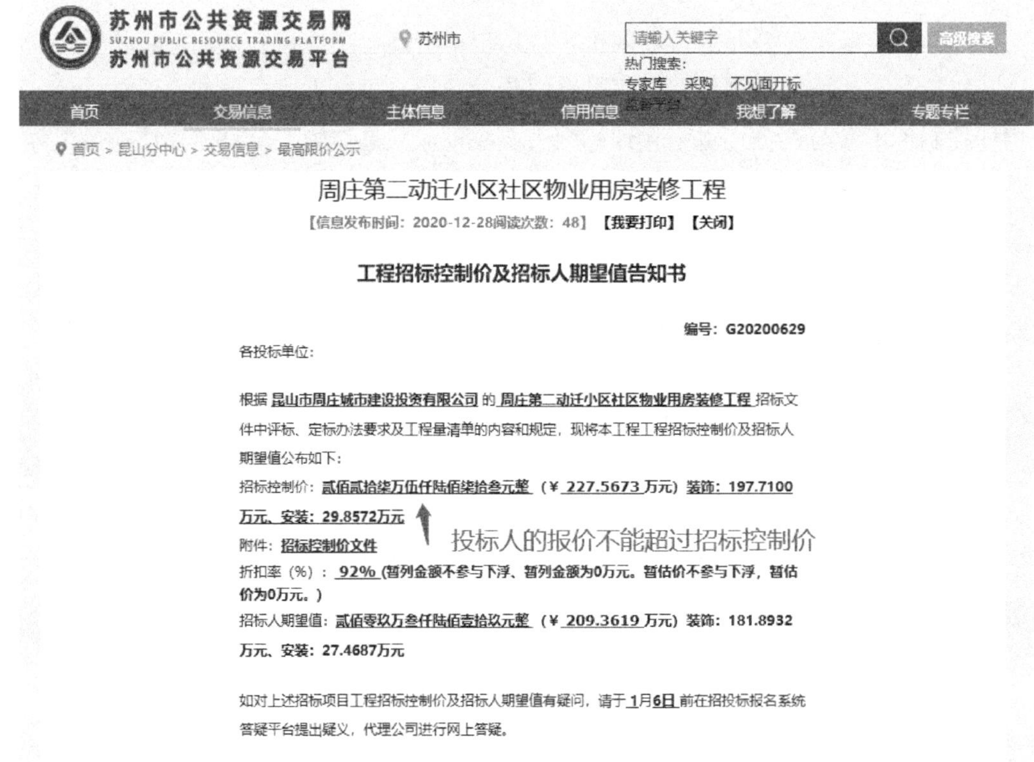

周庄第二动迁小区社区物业用房装修工程

【信息发布时间：2020-12-28阅读次数：48】【我要打印】【关闭】

**工程招标控制价及招标人期望值告知书**

**编号：G20200629**

各投标单位：

根据 昆山市周庄城市建设投资有限公司 的 周庄第二动迁小区社区物业用房装修工程 招标文件中评标、定标办法要求及工程量清单的内容和规定，现将本工程工程招标控制价及招标人期望值公布如下：

招标控制价：**贰佰贰拾柒万伍仟陆佰柒拾叁元整（¥ 227.5673 万元）装饰：197.7100万元、安装：29.8572万元**

附件：**招标控制价文件**

折扣率（%）：**92%（暂列金额不参与下浮、暂列金额为0万元。暂估价不参与下浮，暂估价为0万元。）**

招标人期望值：**贰佰零玖万叁仟陆佰壹拾玖元整（¥ 209.3619 万元）装饰：181.8932万元、安装：27.4687万元**

如对上述招标项目工程招标控制价及招标人期望值有疑问，请于 1月6日 前在招投标报名系统答疑平台提出疑义，代理公司进行网上答疑。



图2-29　招标控制价下载（二）

# 2.5　资格预审及资格后审

## 2.5.1　什么是资格预审和资格后审？

资格审查是招标工作中的一个重要环节，资格审查分为资格预审和资格后审。资格预审是指潜在投标人在购买招标文件前，由招标人或者由其依法组建的资格审查委员会按照资格预审文件确定的审查方法对其相应资格进行审查，确定通过资格预审的潜在投标人。资格预审不合格，不具有投标资格。

资格后审是指投标人根据招标公告规定的时间和方式获取招标文件，并且制作投标文件，参加开标会议，由招标人在评标阶段委托评标委员会按照招标文件规定的标准和方法对其相应资格进行审查，合格后方能参与最后投标竞争。资格后审不合格，评标委员会应否决其投标。

## 2.5.2　资格预审流程

资格预审流程详见表2-8。

资格预审流程　　表2-8

| | |
|---|---|
| 1 | 编制资格预审文件 |
| 2 | 发布资格预审公告 |
| 3 | 发售资格预审文件 |
| 4 | 资格预审文件的澄清、修改 |
| 5 | 提交资格预审文件 |
| 6 | 组建资格审查委员会 |
| 7 | 评审资格预审申请文件，编写资格审查报告 |
| 8 | 确认通过资格预审的申请人 |

招标人应当按照资格预审公告规定的时间、地点发售资格预审文件。资格预审文件发售期不得少于5日。

招标人可以对已发出的资格预审文件进行必要的澄清或者修改。澄清或者修改的内容可能影响资格预审文件编制的，招标人应当在提交资格预审申请文件截止时间至少3日前，以书面形式通知所有获取资格预审文件的潜在投标人；不足3日的，招标人应当顺延提交资格预审申请文件的截止时间。

申请人对资格预审文件有异议的，应当在提交资格预审申请文件截止时间2日前向招标人提出。招标人应当自收到异议之日起3日内作出答复；作出答复前，应当暂停实施招标投标活动。

### 2.5.3 资格预审和资格后审的区别

资格预审和资格后审的区别详见表2-9。

资格预审和资格后审的区别 表2-9

| | |
|---|---|
| 资格预审 | 审查时间：在发售招标文件之前 |
| | 审查内容：资格预审申请文件 |
| | 审查方法：合格制或有限数量制 |
| | 优点：<br>（1）掌握申请人基本信息，避免不合格申请人进入投标阶段，防范招标风险，降低成本，提高效率；<br>（2）减少评标委员会评标的数量，缩短评标时间；<br>（3）保证竞争秩序，避免潜在投标人过多而导致恶性竞争，提高投标人的针对性、积极性 |
| | 缺点：<br>（1）延长招标时间，资格预审文件发售期不少于5日；<br>（2）资格预审合格的投标人相关资料易泄露，可能会造成围标、串标、哄抬报价、给招标人带来经济损失 |
| 资格后审 | 审查时间：在开标之后 |
| | 审查内容：投标文件 |
| | 审查方法：合格制 |
| | 优点：<br>（1）减少资格预审的环节，缩短招投标周期；<br>（2）投标人数量较多充分竞争，体现了招投标公开、公平原则；<br>（3）资格后审参与投标的潜在投标人名单是未知的，给串标、围标增加了难度，有利于打击串标、围标行为 |
| | 缺点：<br>（1）潜在投标人名单是未知。可能投标人数量较多，增加了评标的时间和成本，也可能投标人少于3家而导致项目流标；<br>（2）投标人水平参差不齐，可能被没有相应实力的投标人中标，也可能低于成本价中标，给招标人带来各种隐患 |

资格预审适用于技术难度较大或投标文件编制费用较高，或潜在投标人数量较多的招标项目。

资格后审适用于潜在投标人数量不多，具有通用性、标准化、一般技术要求的招标项目。

资格预审与资格后审各有优缺点，在实际操作中也具有很强的互补性。在招标实施过程中可以根据项目实际情况选用资格审查的方式。

一般资格预审和资格后审的项目在招标公告上会明示，如图2-30、图2-31所示。资格预审项目需要提交资格预审文件，资格预审通过后，交易中心网站会公示未通过资格预审的企业名称及未通过的原因，如图2-32所示。资格后审项目投标人可在网站直接下载招标文件，如图2-33所示。各地交易中心网站布局不同，内容也不尽相同，投标人可以自行在当地交易中心网站获取相关资料。

苏州市轨道交通S1线工程车站机电安装及装修施工项目（第一批）

【信息发布时间：2020-12-31阅读次数：1678】【我要打印】【关闭】

招标公告基本信息（资格预审）

| | | | |
|---|---|---|---|
| 公告编号 | G20200636 | 批准文号 | 其他-苏发改基础发（2018）1168号;其他-苏发改投（2018）52号;其他-发改基础（2018）1148号 |
| 项目名称 | 苏州市轨道交通S1线工程车站机电安装及装修施工项目（第一批） | | |
| 招标人名称 | 苏州轨道交通市域一号线有限公司 | | |
| 批准机关 | 中华人民共和国国家发展和改革委员会 | | |
| 资金来源 | 财政及融资 | 审查方式 | 资格预审 |
| 招标代理机构 | 江苏省设备成套股份有限公司 | 资质证书编号 | F132009422-4/4 |

项目工程概况

| | |
|---|---|
| 工程地点 | 苏州（昆山、工业园区） |
| 发包方式 | 公开招标 |

申请人允许参与的最多标段数：3 个

标段信息

| 标段编号 | 发包内容 | 建筑面积 | 招标金额 | 规模 | 计划开工日期 | 计划竣工日期 | 资审文件下载 |
|---|---|---|---|---|---|---|---|
| G20200636-02 | SURT1-13-3标:车站机电安装及装修施工3标 | 0 | 20735 | 包括文虹区间半个区间加（虹祺路站、鹿城路站、白马泾路站3个站）车站及相应区间加白玉区间半个区间的机电设备安装及装修。主要包括动力与照明系统、通风空调系统、给排水系统安装、调试及公共区、设备区、地面附属及室外场地的装饰装修；负责本标段除甲供设备、材料外的采购；负责全线所有车站冷却塔的供货；负责SURT1-13-1~SURT1-13-4标疏散指示的供货；负责全线所有车站不锈钢制品（客服中心、扶手、垃圾桶和座椅）的供货。 | 2021-03-01 | 2023-06-30 | 资审文件下载 |
| G20200636-03 | SURT1-13-5标:车站机电安装及装修施工5标 | 0 | 24876 | 包括青顺区间半个区间加（顺帆路站、金沙江路站、洞庭湖路站、时代大厦站4个站）车站及相应区间加时金区间半个区间的机电设备安装及装修。主要包括动力与照明系统、通风空调系统、给排水系统安装、调试及公共区、设备区、地面附属及室外场地的装饰装修；负责本标段除甲供设备、材料外的采购。 | 2021-03-01 | 2023-06-30 | 资审文件下载 |



图2-30　资格预审项目招标公告

图2-31　资格审查及未入围公示

图2-32　资格审查未通过的企业名称及原因

图2-33　资格后审项目招标文件下载

# 2.6　投标人编制资格审查文件的技巧

## 2.6.1　投标人编制资格预审文件的内容

投标人编制的资格预审文件，实际上就是招标人为考查潜在投标人资质条件、业绩、信誉、技术、设备、人力、财务状况等方面的情况所需的资料。

资格预审文件主要内容详见表2-10。

资格预审文件内容 表2-10

| 序号 | 资格预审文件内容 | 编制要点 |
| --- | --- | --- |
| 1 | 资格预审申请函 | 是申请人对所提交的资格预审申请文件内容的完整性、真实性和有效性作出的声明，申请人按照招标人提供的格式模板填写即可 |
| 2 | 法定代表人身份证明 | 是申请人出具的用于证明法定代表人合法身份的证明，申请人按照招标人提供的格式模板填写即可，填写时需要注意法定代表人身份证是否在有效期内 |
| 3 | 授权委托书 | 是申请人及其法定代表人出具的正式文书，明确规定期限内的授权内容，申请人按照招标人提供的格式模板填写即可 |
| 4 | 联合体协议书 | 适用于允许联合体投标的资格预审，明确牵头人、各方职责分工及协议期限，承诺对提交文件承担法律责任 |
| 5 | 申请人基本情况表 | 申请人的名称、经营范围与方式、企业资质等级、公司人员配备、银行开户信息等相关情况介绍，申请人按照招标人提供的格式模板填写即可 |
| 6 | 近年财务状况表 | 是招标人用于了解申请人的总体财务状况，评估其承担招标项目的财务能力和抗风险能力。申请人按照招标人的要求提供相关财务报表、有效期内的银行AAA资信证明等材料 |
| 7 | 近年完成的类似项目情况表 | 是招标人了解申请人以往承担类似项目情况，评估其承担招标项目的工程经验。申请人按照招标人提供的格式模板填写类似项目资料，并附上合同协议书和竣工验收证明等相关证明材料 |
| 8 | 正在施工的和新承接的项目情况表 | 是招标人了解申请人近期承接项目情况，评估其承担招标项目的综合实力。申请人按照招标人提供的格式模板填写正在施工的和新承接的项目资料，并附上合同协议书或者中标通知书复印件等证明材料，填写时需要注意在施项目的数量和规模适宜即可 |
| 9 | 近年发生的诉讼和仲裁情况 | 申请人按照资格预审文件要求提供指定年份的合同履行中法院或仲裁机构作出的判决、裁决、行政处罚决定等法律文书复印件；<br>近年发生的诉讼和仲裁情况仅限于申请人败诉的，且与履行施工承包合同有关的案件，不包括调解结案以及未裁决的仲裁或未终审判决的诉讼 |
| 10 | 其他材料<br>（一）其他企业信誉情况表<br>（二）拟投入主要施工机械设备情况表<br>（三）拟投入项目管理人员情况表 | 申请人按照招标人提供的格式模板填写企业信誉情况、拟投入施工机械设备情况、拟投入项目管理人员情况等表格；<br>另外可以放资格预审文件的申请人须知，评审办法有要求但申请文件格式中没有表述的内容，如企业荣誉证书、工程获奖证书等；<br>还可以放资格预审文件中没有要求提供，但申请人认为对自己通过资格预审比较重要的材料 |
| 11 | 工程建设项目概况 | 工程建设项目概况主要包括项目说明、建设条件、建设要求和其他需要说明的情况。结合项目建设任务、建设规模标准、项目资金来源、建设地点、计划工期、工程地质条件、地理交通位置、建设施工技术规范、工程建设质量、进度、安全和环境管理要求等方面编写 |

招标人在发售的资格预审文件中将所有的表格、要求提交的有关证明文件和通过资格预审的条件作了详细的说明。这些表格的填写方法在资格预审文件中逐项予以明确，申请人取得资格预审文件后应严格按照资格预审文件的要求填写。不得随意更改文件的格式和内容。

## 2.6.2　资格预审文件格式模板

本资格预审文件格式模板，参考《标准施工招标资格预审文件》(2010 年版)。

### 1.资格预审申请函（图2-34）

**资格预审申请函**

________________（招标人名称：）

1.按照资格预审文件的要求，我方（申请人）递交的资格预审申请文件及有关资料，用于你方（招标人）审查我方参加______（项目名称）______标段施工招标的投标资格。

2.我方的资格预审申请文件包含“申请人须知”规定的全部内容。

3.我方接受你方的授权代表进行调查，以审核我方提交的文件和资料，并通过我方的客户，澄清资格预审申请文件中有关财务和技术方面的情况。

4.你方授权代表可通过（联系人及联系方式）得到进一步的资料。

5.我方在此声明，所递交的资格预审申请文件及有关资料内容完整、真实和准确，且不存在招标资格预审文件“申请人须知”规定的任何一种情形。

申请人：________________（盖单位章）

法定代表人或其委托代理人：___________（签字）

电 话：________________

传 真：________________

申请人地址：______________

邮政编码：______________

_________年_________月_____日

**图2-34　资格预审申请函**

### 2.法定代表人身份证明

**法定代表人身份证明**

申 请 人：________________________________________

单位性质：________________________________________

地　　址：________________________________________

成立时间：___年______月 _____日

经营期限：________________________________________

姓　　名：___________性　　　别：_____

年　　龄：___________职　　　务：_____

系______（申请人名称）____的法定代表人。

特此证明。

申请人：__________（盖单位章）

______年__月__日

## 3.授权委托书

**授权委托书**

本人________________（姓名）系________________（申请人名称）的法定代表人，现委托__（姓 名） 为 我方代理人。代理人根据授权，以我方名义签署、澄清、说明、补正、递交、撤回、修改____（项目名称）_______标段施工招标资格预审文件，其法律后果由我方承担。

委托期限：______________________________________________________。代理人无转委托权。

附：法定代表人身份证明

申请人：____________________（盖单位章）

法定代表人：________________（签字）

身份证号码：________________

委托代理人：________________（签字）

身份证号码：________________

________年___月___日

## 4.联合体协议书（图2-35）

**联合体协议书**

牵头人名称：__________________________________________

法定代表人：__________________________________________

法定住所：____________________________________________

成员二名称：__________________________________________

法定代表人：__________________________________________

法定住所：____________________________________________

鉴于上述各成员单位经过友好协商，自愿组成_________（联合体名称）联合体，共同参加______（招标人名称）（以下简称招标人）______（项目名称）______标段。

（以下简称合同）现就联合体投标事宜订立如下协议：

1.______（某成员单位名称）为________（联合体名称）牵头人。

2.在本工程投标阶段，联合体牵头人合法代表联合体各成员负责本工程资格预审申请文件和投标文件编制活动，代表联合体提交和接收相关的资料、信息及指示，并处理与资格预审、投标和中标有关的一切事务；联合体中标后，联合体牵头人负责合同订立和合同实施阶段的主办、组织和协调工作。

3.联合体将严格按照资格预审文件和招标文件的各项要求，递交资格预审申请文件和投标文件，履行投标义务和中标后的合同，共同承担合同规定的一切义务和责任，联合体各成员单位按照内部职责的划分，承担各自所负的责任和风险，并向招标人承担连带责任。

4.联合体各成员单位内部的职责分工如下：_________。按照本条上述分工，联合体成员单位各自所承担的合同工作量比例如下：________________。

5.资格预审和投标工作以及联合体在中标后工程实施过程中的有关费用按各自承担的工作量分摊。

6.联合体中标后，本联合体协议是合同的附件，对联合体各成员单位有合同约束力。

7.本协议书自签署之日起生效，联合体未通过资格预审、未中标或者中标时合同履行完毕后自动失效。

8.本协议书一式____份，联合体成员和招标人各执一份。

牵头人名称：___________（盖单位章）法定代表人或其委托代理人：____（签字）

成员二名称：____________（盖单位章）法定代表人或其委托代理人：___（签字）

___年______月______日

备注：本协议书由委托代理人签字的，应附法定代表人签字的授权委托书。

图2-35 联合体协议书

## 5.申请人基本情况表（表2-11）

**申请人基本情况表**　　　　**表2-11**

<table>
<tr><td>申请人名称</td><td colspan="7"></td></tr>
<tr><td>注册地址</td><td colspan="4"></td><td>邮政编码</td><td colspan="2"></td></tr>
<tr><td rowspan="2">联系方式</td><td>联系人</td><td colspan="3"></td><td>电　话</td><td colspan="2"></td></tr>
<tr><td>传　真</td><td colspan="3"></td><td>网　址</td><td colspan="2"></td></tr>
<tr><td>组织结构</td><td colspan="7"></td></tr>
<tr><td>法定代表人</td><td>姓名</td><td></td><td colspan="2">技术职称</td><td></td><td>电话</td><td></td></tr>
<tr><td>技术负责人</td><td>姓名</td><td></td><td colspan="2">技术职称</td><td></td><td>电话</td><td></td></tr>
<tr><td>成立时间</td><td colspan="2"></td><td colspan="5">员工总人数：</td></tr>
<tr><td>企业资质等级</td><td colspan="2"></td><td rowspan="5">其中</td><td colspan="2">项目经理</td><td colspan="2"></td></tr>
<tr><td>营业执照号</td><td colspan="2"></td><td colspan="2">高级职称人员</td><td colspan="2"></td></tr>
<tr><td>注册资本金</td><td colspan="2"></td><td colspan="2">中级职称人员</td><td colspan="2"></td></tr>
<tr><td>开户银行</td><td colspan="2"></td><td colspan="2">初级职称人员</td><td colspan="2"></td></tr>
<tr><td>账号</td><td colspan="2"></td><td colspan="2">技　　工</td><td colspan="2"></td></tr>
<tr><td>经营范围</td><td colspan="7"></td></tr>
<tr><td>体系认证状况</td><td colspan="7">说明：通过的认证体系、通过时间及运行状况</td></tr>
<tr><td>备注</td><td colspan="7"></td></tr>
</table>

## 6.近年财务状况表

近年财务状况表是指经过会计师事务所或者审计机构审计的财务会计报表，以下各类报表中反映的财务状况数据应当一致，如果有不一致之处，以不利于申请人的数据为准。

（1）近年资产负债表；

（2）近年损益表；

（3）近年利润表；

（4）近年现金流量表；

（5）财务状况说明书。

备注：除财务状况总体说明外，本表应特别说明企业净资产，招标人也可根据招标项目具体情况要求说明是否拥有有效期内的银行 AAA 资信证明、本年度银行授信总额度、本年度可使用的银行授信余额等。

## 7.近年完成的类似项目情况表（表2-12）

类似项目业绩须附合同协议书和竣工验收备案登记表复印件。

近年完成的类似项目情况表　　表2-12

| 项目名称 | |
|---|---|
| 项目所在地 | |
| 发包人名称 | |
| 发包人地址 | |
| 发包人电话 | |
| 合同价格 | |
| 开工日期 | |
| 竣工日期 | |
| 承包范围 | |
| 工程质量 | |
| 项目经理 | |
| 技术负责人 | |
| 总监理工程师及电话 | |
| 项目描述 | |
| 备注 | |

8.正在施工的和新承接的项目情况表（表2–13）

正在施工的和新承接的项目须附合同协议书或者中标通知书复印件。

正在施工的和新承接的项目情况表　　表2-13

| 项目名称 | |
|---|---|
| 项目所在地 | |
| 发包人名称 | |
| 发包人地址 | |
| 发包人电话 | |
| 签约合同价 | |
| 开工日期 | |
| 计划竣工日期 | |
| 承包范围 | |
| 工程质量 | |
| 项目经理 | |
| 技术负责人 | |
| 总监理工程师及电话 | |
| 项目描述 | |
| 备注 | |

9.近年发生的诉讼和仲裁情况（表2–14）

备注：近年发生的诉讼和仲裁情况仅限于申请人败诉的，且与履行施工承包合同有关的案件，不包括调解结案以及未裁决的仲裁或未终审判决的诉讼。

近年发生的诉讼和仲裁情况表　　表2-14

| 类别 | 序号 | 发生时间 | 情况简介 | 证明材料索引 |
| --- | --- | --- | --- | --- |
| 诉讼情况 | | | | |
| | | | | |
| | | | | |
| | | | | |
| | | | | |
| | | | | |
| | | | | |
| 仲裁情况 | | | | |
| | | | | |
| | | | | |
| | | | | |
| | | | | |
| | | | | |

10.其他材料

1）其他企业信誉情况表（年份同诉讼及仲裁情况年份要求）。

（1）企业不良行为记录情况主要是近年申请人在工程建设过程中因违反有关工程建设的法律、法规、规章或强制性标准和执业行为规范，经县级以上建设行政主管部门或其委托的执法监督机构查实和行政处罚，形成的不良行为记录。应当结合招标文件“申请人须知”填写。

（2）合同履行情况主要是申请人在施工程和近年已竣工工程是否按合同约定的工期、质量、安全等履行合同义务，对未竣工工程合同履行情况还应重点说明非不可抗力原因解除合同（如果有）的原因等具体情况，等等。

（3）近年不良行为记录情况（表2-15）。

近年不良行为记录情况表　　表2-15

| 序号 | 发生时间 | 简要情况说明 | 证明材料索引 |
|---|---|---|---|
| | | | |
| | | | |

（4）在施工程以及近年已竣工工程合同履行情况（表2-16）。

在施工程以及近年已竣工工程合同履行情况表　　表2-16

| 序号 | 工程名称 | 履约情况说明 | 证明材料索引 |
|---|---|---|---|
| | | | |
| | | | |

（5）其他。

2）拟投入主要施工机械设备情况表（表2-17）。

拟投入主要施工机械设备情况表　　表2-17

| 机械设备名称 | 型号规格 | 数量 | 目前状况 | 来源 | 现停放地点 | 备注 |
|---|---|---|---|---|---|---|
| | | | | | | |
| | | | | | | |
| | | | | | | |
| | | | | | | |
| | | | | | | |
| | | | | | | |

备注:“目前状况”应说明已使用年限、是否完好以及目前是否正在使用,“来源”分为“自有”和“市场租赁”两种情况，正在使用中的设备应在“备注”中注明何时能够投入本项目，并提供相关证明材料。

3）拟投入项目管理人员情况表（表2-18）。

拟投入项目管理人员情况表　　表2-18

| 姓名 | 性别 | 年龄 | 职称 | 专业 | 资格证书编号 | 拟在本项目中担任的工作或岗位 |
|---|---|---|---|---|---|---|
| | | | | | | |
| | | | | | | |
| | | | | | | |

4）项目经理简历表（表2-19）。

项目经理应附建造师执业资格证书、注册证书、安全生产考核合格证书、身份证、职称证、学历证、养老保险复印件以及未担任其他在施建设工程项目项目经理的承诺，管理过的项目业绩须附合同协议书和竣工验收备案登记表复印件。类似项目仅限于以项目经理身份参与的项目。

**项目经理简历表** 表2-19

| 姓名 | | 年龄 | | 学历 | |
|---|---|---|---|---|---|
| 职称 | | 职务 | | 拟在本工程任职 | |
| 注册建造师资格等级 | | | | 建造师专业 | |
| 安全生产考核合格证书 | | | | | |
| 毕业学校 | 年毕业于　　学校　　专业 | | | | |
| 主要工作经历 | | | | | |
| 时间 | 参加过的类似项目名称 | | 工程概况说明 | | 发包人及联系电话 |
| | | | | | |
| | | | | | |
| | | | | | |
| | | | | | |

5）主要项目管理人员简历表（表2-20）。

主要项目管理人员指项目副经理、技术负责人、合同商务负责人、专职安全生产管理人员等岗位人员。应附注册资格证书、身份证、职称证、学历证、养老保险复印件，专职安全生产管理人员应附有效的安全生产考核合格证书，主要业绩须附合同协议书。

**主要项目管理人员简历表** 表2-20

| 岗位名称 | | | |
|---|---|---|---|
| 姓名 | | 年龄 | |
| 性别 | | 毕业学校 | |
| 学历和专业 | | 毕业时间 | |
| 拥有的执业资格 | | 专业职称 | |
| 执业资格证书编号 | | 工作年限 | |
| 主要工作业绩及担任的主要工作 | | | |

6）承诺书。

**承　诺　书**

__________________(招标人名称)：

我方在此声明，我方拟派往____________（项目名称）____________标段（以下简称“本工程”）的项目经理____________(项目经理姓名）现阶段没有担任任何在施建设工程项目的项目经理。

我方保证上述信息的真实和准确，并愿意承担因我方就此弄虚作假所引起的一切法律后果。

特此承诺

申请人：__________________（盖单位章）

法定代表人或其委托代理人：__________（签字）

___________年__________月_________日

11.项目建设概况

（1）项目说明。

（2）建设条件。

（3）建设要求。

（4）其他需要说明的情况。

### 2.6.3　招标人资格预审审查的内容

《中华人民共和国招标投标法实施条例》第十八条规定：国有资金占控股或者主导地位的依法必须进行招标的项目，招标人应当组建资格审查委员会审查资格预审申请文件。资格预审应当按照资格预审文件载明的标准和方法进行。

资格审查活动将按以下五个步骤进行：

（1）审查准备工作；

（2）初步审查；

（3）详细审查；

（4）澄清、说明或补正；

（5）确定通过资格预审的申请人及提交资格审查报告。

初步审查时有任何一项审查因素不符合要求都不能进入详细审查的环节，初步审查以及详细审查是资格审查的重点，表2-21为初步审查与详细审查的审查标准和证明材料，投标人要站在评委的角度来看这些审查因素，在做资格申请文件时用表2-21要求自己，知道哪些地方容易犯错，哪些错是不能犯的，会大大提高通过资格申请的概率。初步审查内容详见表2-21。

初步审查内容　　表2-21

| 序号 | 审查因素 | 审查标准 |
|---|---|---|
| 1 | 申请人名称 | 与投标报名的营业执照、资质证书、安全生产许可证一致 |
| 2 | 申请函签字盖章 | 有法定代表人或其委托代理人签字并加盖单位章 |
| 3 | 申请文件格式 | 是否按照资格预审文件中规定的内容格式编写 |
| 4 | 联合体申请人 | 提交联合体协议书，并明确联合体牵头人和联合体分工（如有） |

在初步审查过程中，审查委员会应当就资格预审申请文件中不明确的内容，以书面形式要求申请人进行必要的澄清、说明或补正。申请人应当根据问题澄清通知，以书面形式予以澄清、说明或补正，并不得改变资格预审申请文件的实质性内容。

申请人有任何一项初步审查因素不符合审查标准的，或者未按照审查委员会要求的时间和地点提交有关证明和证件的原件、原件与复印件不符或者原件存在伪造嫌疑且申请人不能合理说明的，不能通过资格预审。详细审查的内容详见表2-22。

详细审查的内容　　表2-22

| 序号 | 审查因素 | 审查标准 | 有效的证明材料 |
|---|---|---|---|
| 1 | 营业执照 | （1）投标人名称与营业执照名称是否一致；<br>（2）营业范围是否符合招标项目要求；<br>（3）投标文件或法定代表人授权书是否由营业执照规定的法定代表人签字或授权；<br>（4）营业执照是否在有效期内 | 营业执照复印件及年检记录 |
| 2 | 安全生产许可证 | （1）投标人名称与安全生产许可证名称是否一致；<br>（2）安全生产许可范围是否与招标项目一致；<br>（3）安全生产许可证是否在有效期内 | 建设行政主管部门核发的安全生产许可证复印件 |
| 3 | 企业资质等级 | （1）企业资质的专业范围和等级是否满足资格条件要求；<br>（2）资质等级证书是否在有效期内 | 建设行政主管部门核发的资质等级证书复印件 |
| 4 | 财务状况 | （1）核实申请人资产规模、营业收入、资产负债率、偿债能力等财务状况及抵御财务风险的能力是否达到资格审查的标准；<br>（2）财务报表年份是否符合要求 | 经会计师事务所或者审计机构审计的财务会计报表，包括资产负债表、损益表、现金流量表、利润表和财务状况说明书 |
| 5 | 类似项目业绩 | （1）核实申请人完成类似业绩的数量、质量、规模等是否符合要求；<br>（2）类似业绩的年份是否符合要求 | 中标通知书、合同协议书和工程竣工验收证书（竣工验收备案登记表）复印件 |
| 6 | 信誉 | 核实申请人的信誉状况，是否符合资格预审文件要求 | 法院或者仲裁机构作出的判决、裁决等法律文书，县级以上建设行政主管部门处罚文书，履约情况说明 |
| 7 | 项目经理资格 | （1）项目经理的执业范围和等级是否满足资格预审条件要求；<br>（2）执业资格证书是否在有效期内 | 建设行政主管部门核发的建造师执业资格证书、注册证书和有效的安全生产考核合格证书复印件，以及未在其他在施建设工程项目担任项目经理的书面承诺 |

续表

| 序号 | 审查因素 | 审查标准 | 有效的证明材料 |
|---|---|---|---|
| 8 | 拟投入主要施工机械设备 | 核实申请人拟投入主要施工机械设备，是否符合资格预审文件要求 | 自有设备的原始发票复印件、折旧政策、停放地点和使用状况等的说明文件，租赁设备的租赁意向书或带条件生效的租赁合同复印件 |
| 9 | 拟投入项目管理人员 | 核实申请人拟投入项目管理人员，是否符合资格预审文件要求 | 相关证书、证件、合同协议书和工程竣工验收证书（竣工验收备案登记表）复印件 |
| 10 | 联合体申请人 | 核实申请人拟投入联合体申请人，是否符合资格预审文件要求 | 联合体协议书及联合体各成员单位提供的上述详细审查因素所需的证明材料 |
| 申请人不得存在的情形审查情况记录 | | | |
| 1 | 独立法人资格 | 不是招标人或不具备独立法人资格的附属机构（单位） | 企业法人营业执照复印件 |
| 2 | 设计或咨询服务 | 没有为本项目前期准备提供设计或咨询服务，但设计施工总承包除外 | 由申请人的法定代表人或其委托代理人签字并加盖单位章的书面承诺文件 |
| 3 | 与监理人关系 | 不是本项目监理人或者与本项目监理人不存在隶属关系或者为同一法定代表人或者相互控股或者参股关系 | 营业执照复印件以及由申请人的法定代表人或其委托代理人签字并加盖单位章的书面承诺文件 |
| 4 | 与代建人关系 | 不是本项目代建人或者与本项目代建人的法定代表人不是同一人或者不存在相互控股或者参股关系 | 营业执照复印件以及由申请人的法定代表人或其委托代理人签字并加盖单位章的书面承诺文件 |
| 5 | 与招标代理机构关系 | 不是本项目招标代理机构或者与本项目招标代理机构的法定代表人不是同一人或者不存在相互控股或者参股关系 | 营业执照复印件以及由申请人的法定代表人或其委托代理人签字并加盖单位章的书面承诺文件 |
| 6 | 生产经营状态 | 没有被责令停业 | 营业执照复印件以及由申请人的法定代表人或其委托代理人签字并加盖单位章的书面承诺文件 |
| 7 | 投标资格 | 没有被暂停或者取消投标资格 | 由申请人的法定代表人或其委托代理人签字并加盖单位章的书面承诺文件 |
| 8 | 履约历史 | 近三年没有骗取中标和严重违约及重大工程质量问题 | 由申请人的法定代表人或其委托代理人签字并加盖单位章的书面承诺文件 |
| 资格申请文件规定的情形审查情况 | | | |
| 1 | 澄清和说明情况 | 按照审查委员会要求澄清、说明或者补正 | 审查委员会成员的判断 |
| 2 | 申请人在资格预审过程中遵章守法 | 没有发现申请人存在弄虚作假、行贿或者其他违法违规行为 | 由申请人的法定代表人或其委托代理人签字并加盖单位章的书面承诺文件以及审查委员会成员的判断 |

详细评审的审查因素比较多，投标人员做标书时需要耐心与细心相结合，熟读资格预审文件，按照每个审查因素一一对应做好文件。

### 2.6.4　资格预审取胜的技巧

（1）建立投标资料库。

很多投标人准备材料的时候往往会手忙脚乱，如果平时不准备资料，等到报名时再搜集整理资格预审材料，经常会因时间紧迫而仓促上阵，使自己处于被动状态，有可能造成失误或失去投标机会。资格预审文件一般是有固定模板的，一般资格预审文件格式和内容变化不大，申请人平时将所需的常用材料建立相关电子文件夹，在编制资格预审文件时能快速找出相关文件，加快编制资格预审文件的速度，提高资格预审正确性和完整性。

（2）逐条对应资格预审文件要求。

申请人须按照资格预审文件的要求，逐条对应初步审查、详细审查的内容并将相应资料准备齐全。

初步审查的内容是必备条件，资格预审申请文件必须全部具备，这是最基本的条件，若达不到要求就不用参加预审了，避免浪费时间和精力。

详细审查的内容，提供材料应尽量齐全完整，除全部具备所需资料并符合要求外，还应尽量增加内容，比如需要提供业绩证明材料，当某个业绩材料有缺漏时，还可以用一个业绩补充。

（3）研究文件，有的放矢。

申请人应仔细研读资格预审文件，结合项目现场实际情况，重点关注工程项目的特点和性质，思考本项目重难点问题，针对招标人比较关注的内容，将本企业类似项目经验、技术水平和管理水平有力度的证明材料准备齐全，取得招标人的认同，从而顺利地通过资格预审。

（4）及时沟通，不留死角。

申请人对资格预审文件有疑问，或者对于某个条款模棱两可不确定时，需要及时与招标人沟通，礼貌询问，直到问题解决。

申请人编制资格预审材料时，编制内容往往涉及多个部门，这时每个提供资料的人都要对自己所提供的资料负责，最终负责材料提交的人要对材料做最终复核，如果有任何的疑问，要及时与提供材料的部门沟通，不留任何死角，否则任何一个小的疏漏都有可能前功尽弃。有时候废标的原因往往不是大的问题，而是出在某个很不起眼的角落。

（5）面对歧视、保护自己。

《中华人民共和国招标投标法》第十八条规定：招标人不得以不合理的条件限制或者排斥潜在投标人，不得对潜在投标人实行歧视待遇。

招标人无论是在编制资格预审文件的过程中还是在评审的过程中，都不得抑制和排斥潜在的申请人，更不能排斥已经评审合格的申请人。申请人发现招标人有违规行为时，可及时向相关行政监督部门投诉，以保护自己的合法权益。

（6）积极参与，争取机会 。

申请人发现自己符合报名条件的项目，应积极参与为自己争取机会。资格预审一般能把综合实力差的投标人排除，竞争对手相对较少，中标概率相对会提高，且通过充分竞争，可以不断提高自身水平，在竞争中推动行业整体水平提高。

## 2.7 勘查项目现场及标前会议

### 2.7.1 勘查现场的内容

一般而言，建设工程项目周围环境、交通环境等客观因素对项目实施影响巨大，且在招标文件中难以将具体情况描述到位的项目，设置现场踏勘环节就很有必要。

招标人可以根据项目的特点和招标文件规定，集体组织潜在投标人现场勘查，了解项目实施的现场地理、地质、气候、交通等客观条件和环境，让投标人能准确、合理地控制风险、核算成本、编制投标报价及施工组织设计文件。投标人应自行负责踏勘作出的分析判断和投标决策。

《中华人民共和国招标投标法》第二十一条规定：招标人根据招标项目的具体情况，可以组织潜在投标人踏勘项目现场。

《中华人民共和国招标投标法实施条例》第二十八条规定：招标人不得组织单个或者部分潜在投标人踏勘项目现场。

《工程建设项目施工招标投标办法》第三十二条规定：招标人根据招标项目的具体情况，可以组织潜在投标人踏勘项目现场，向其介绍工程场地和相关环境的有关情况。潜在投标人依据招标人介绍情况作出的判断和决策，由投标人自行负责。

根据《工程建设项目施工招标投标办法》第二十二条第二款规定，招标代理机构也可以在招标人委托的范围内，承担组织投标人踏勘现场事宜。

投标人勘查现场要了解的内容详见表2-23。

勘查现场的内容　　表2-23

| 序号 | 勘查现场的内容 |
| --- | --- |
| 1 | 考察施工现场及周围地形、地貌、水文、气候、地质、沟渠、交通道路情况 |
| 2 | 了解临水、临电接入位置，临时排污口、雨水井位置，施工临时路口、临时设施搭建位置，场地内"三通一平"已平整情况 |
| 3 | 了解施工中必须拆除或挖除的障碍物等，工程所在地的劳动力、建材市场的供应情况等 |
| 4 | 将现场情况与招标文件提供的材料进行对照，是否存在差异 |

### 2.7.2　踏勘现场注意事项

现场踏勘的项目，应当注意以下四个方面：

（1）不得强制现场踏勘。

参与现场踏勘是潜在投标人的权利，不是义务。是否参与现场踏勘、参与现场踏勘的方式或者委派何人参与，都应由潜在投标人自己决定。

（2）明确现场踏勘的时间和联系人。

结合项目实际情况需要现场踏勘的，招标文件应载明现场踏勘的时间和联系人。为保证所有潜在投标人都能参与，现场踏勘的时间应设定在招标文件发售期限截止之后。

（3）现场踏勘程序应当合法合规。

为了不泄露潜在投标人数量和名称，不得采取现场签到的方式进行。不得组织单个或部分潜在投标人开展现场踏勘，不得分批组织潜在投标人现场踏勘。

（4）现场踏勘信息应公开。

针对现场踏勘过程中，潜在投标人提出的问题或异议以及由此引起的招标文件的修改，招标人应当汇总后以书面形式通知包含未参与现场踏勘的所有潜在投标人，但不得泄露提出问题或异议的潜在投标人名称以及影响项目公平竞争的事项。

### 2.7.3　标前会议及答疑

1.什么是标前会议?

标前会议是招标人按投标须知规定的时间和地点召开，主要用于解答、澄清投标人在现场勘查后或者研究招标文件后提出的问题。

2.标前会议注意事项

（1）投标人应当在规定的标前会议日期之前将问题用**书面**形式提出，招标机构将其汇集后研究，提出统一的解答。

（2）招标人可以在标前会议上**澄清**招标文件中的疑问，对招标文件的错漏进行补充说明，或者对招标文件中的重点、难点内容进行说明。

（3）所有的解答、澄清文件招标人应当用**书面**的形式发给**所有**获取招标文件的投标人，它属于招标文件的组成部分，具有同等的法律效力。

（4）招标人不得向任何投标人单独回答其提出的问题，只能统一解答，而且要将所有问题的解答发给每一个购买了招标文件的投标人，以显示其公平对待。

（5）为了使投标单位在编写投标文件时有充分的时间考虑招标人对招标文件的补充或修改内容，招标人可以根据实际情况在标前会议上确定延长投标截止时间。

标前会议有可能造成潜在投标人名称和联系方式泄露，导致投标人串标，有些地方已规定招标人不得组织标前会议。《贵州省招标投标条例》第二十四条规定,招标人在招标文件中应当以坐标图示明确工程建设项目所在的地理位置，方便潜在投标人自行踏勘项目现场；招标人不得组织标前会，不得组织潜在投标人进行现场踏勘。

潜在投标人踏勘项目现场产生的疑问需要招标人澄清答复的，应当在招标公告明确的交易平台网站向招标人提出，招标人应当在该网站公开解答。

## 2.8 开标

开标、评标和定标既是招标的重要环节，也是投标的重要步骤。

开标是指投标截止后，招标人按招标文件所规定的时间和地点，开启投标人提交的投标文件，公开宣布投标人的名称、投标价格及投标文件中的其他主要内容的活动。

### 2.8.1 开标一般规定

1.开标时间、地点

开标时间，指招标文件载明的接收投标文件的截止时间。投标截止时间是招标人接受或拒绝投标在时间上的分界点，在投标截止时间后递交的投标文件，招标人依法应当拒收。

《中华人民共和国招标投标法》中规定，开标应当在招标文件确定的提交投标文件截止时间的同一时间公开进行；开标地点应当为招标文件中预先确定的地点。

开标地点，是招标文件中载明的接收投标文件的地点。投标人因为递交地点发生错误而逾期送达投标文件的，将被招标人拒绝接收。一般公开招标的项目是在当地的建筑工程交易中心或公共资源交易中心。在开标日前送达投标文件的接收地点，用于投标人采用邮寄方式送达投标文件的，一般为招标人的办公地点。

### 2.开标现场

开标由招标人主持，邀请所有投标人参加。

由投标人或者其推选的代表检查投标文件的密封情况，也可以由招标人委托的公证机构检查并公证，经确认无误后，由工作人员当众拆封，宣读投标人名称、投标价格和投标文件的其他主要内容。

招标人在招标文件要求提交投标文件的截止时间前收到的所有投标文件，开标时都应当当众予以拆封、宣读。开标过程应当记录，并存档备查。

开标时未宣读的投标价格、价格折扣和招标文件允许提供的备选投标方案等实质内容，评标时不予承认。

《中华人民共和国招标投标法实施条例》第四十四条规定：招标人应当按照招标文件规定的时间、地点开标。投标人少于 3 个的，不得开标；招标人应当重新招标。

如果投标人对开标过程有异议，应当在开标现场提出，招标人应当当场作出答复，并记录。在这种情况下，投标人对开标过程的质疑或投诉，应先向招标人或招标代理机构当场提出。

### 3.投标文件的接收

投标文件的接收可以分为两种形式，一种为直接接收，另一种为在线接收。

第一种：直接接收。

传统纸质招标方式，投标人采用直接送达方式提交纸质投标文件。招标人应安排专人在招标文件指定地点接收投标文件（包括投标保证金），并详细记录投标文件送达人、送达时间、份数、包装密封、标识等检查情况，经投标人确认后，向其出具接收投标文件和投标保证金的凭证。

第二种：在线接收。

电子招标投标活动中，投标人在电子招标投标交易平台在线提交投标文件。招标人通过交易平台收到电子投标文件后，应当即时向投标人发出确认回执通知，并妥善保存投标文件。在投标截止时间前，除投标人补充、修改或者撤回投标文件外，任何单位和个人不得解密、提取投标文件。

目前传统纸质招标逐步转型为电子招标，因电子交易平台不完善以及其他各方面的原因，电子招标与纸质招标还将在很长一段时间内并存。

在投标截止时间前，投标人书面通知招标人撤回其投标，招标人应该核实撤回投标书面通知的真实性。招标人应在接受撤回投标的书面通知及投标人身份证明核实后，将投标文件退回该投标人。

### 4.投标文件拒收的情形

投标文件不得接收的情况有：

（1）**未通过资格预审的申请人**提交的投标文件；

（2）**逾期送达**的或未送达到指定地点的；

（3）**未按照招标文件要求密封**的。

《中华人民共和国招标投标法》及《中华人民共和国招标投标法实施条例》关于投标拒收的规定为：

《中华人民共和国招标投标法》第二十八条规定：投标人应当在招标文件要求提交投标文件的截止时间前，将投标文件送达投标地点，招标人收到投标文件后，应当签收保存，不得开启。

在招标文件要求提交投标文件的截止时间后送达的投标文件，招标人应当**拒收**。

《中华人民共和国招标投标法实施条例》第三十六条规定：**未通过资格预审的申请人**提交的投标文件，以及**逾期送达**或者**未按招标文件要求密封的**投标文件，招标人应当**拒收**。

在招标文件要求的递交投标文件截止时间前，投标人可以撤回、修改或者补充已提交的投标文件。在招标文件要求的递交投标文件截止时间后送达的投标文件，招标人应当**拒收**。

### 5.开标流程（表2–24）

**开标流程** **表2-24**

| 序号 | 开标流程 |
|---|---|
| 1 | 宣布开标会议开始 |
| 2 | 宣布开标会议纪律 |
| 3 | 介绍与会人员、宣布唱标、记录人员名单 |
| 4 | 介绍工程基本情况及评标办法 |
| 5 | 检查标书密封情况，并签字确认 |
| 6 | 资格预审（可选） |
| 7 | 公布资格预审结果 |
| 8 | 唱标 |
| 9 | 宣读标底（如有） |
| 10 | 宣布开标会议结束，进入评标环节 |

## 2.9 评标、定标

招标人依法组建评标委员会。评标委员会应当按照招标文件确定的评标标准和方法，对投标文件进行评审和比较，设有标底的应当参考标底。评标委员会完成评标后，应当向招标人提出书面评标报告，并推荐合格的中标候选人。

### 2.9.1 评标专家的确定

依法必须进行招标的项目，其评标委员会由招标人的代表和有关技术、经济等方面的专家组成，成员人数为五人以上单数，其中技术、经济等方面的专家不得少于成员总数的三分之二。

技术、经济等方面的专家应当从事相关领域工作满八年并具有高级职称或者具有同等专业水平，由招标人从国务院有关部门或者省、自治区、直辖市人民政府有关部门提供的专家名册或者招标代理机构专家库内相关专业的专家名单中确定；一般招标项目可以采取随机抽取的方式，特殊招标项目可以由招标人直接确定（所谓特殊招标项目，是指技术复杂、专业性强或者国家有特殊要求，采取随机抽取方式确定的专家难以保证胜任评标工作的项目）。

招标人应当采取必要的措施，保证评标在严格保密的情况下进行。任何单位和个人不得非法干预、影响评标的过程和结果。评标委员会成员的名单在中标结果确定前应当保密。

在评标过程中，评标委员会成员有回避事由、擅离职守或者因健康等原因不能继续评标的，应当及时更换。被更换的评标委员会成员作出的评审结论无效，由更换后的评标委员会成员重新进行评审。

评标委员会成员不得私下接触投标人，不得收受投标人给予的财物或者其他好处，不得向招标人征询确定中标人的意向，不得接受任何单位或者个人明示或者暗示的倾向或者排斥特定投标人的要求，不得有其他不客观、不公正履行职务的行为。

### 2.9.2 评标委员会的评标程序及工作内容

评标委员会应当按照招标文件确定的评标标准和方法，对投标文件进行评审和比较。评标委员会完成评标后，应当向招标人提出书面评标报告，并推荐合格的中标候选人。 招标人根据评标委员会提出的书面评标报告和推荐的中标候选人确定中标人。招标人也可以授权评标委员会直接确定中标人。评标委员会经评审，认为所有投标都不符合招标文件要求的，可以否决所有投标。

1.评标活动的步骤（表2–25）

评标活动的步骤　　表2-25

| | | |
|---|---|---|
| 1 | 评标准备 | 评标委员会分工，划分技术组、商务组 |
| | | 评标委员会成员认真研究招标文件 |
| | | 招标人提供评标所需要信息和的数据 |
| | | 清标 |
| 2 | 初步评审 | 形式评审 |
| | | 资格评审 |
| | | 响应性评审 |
| | | 判断是否为废标 |
| | | 算术错误修正 |
| | | 澄清、说明或补正 |
| 3 | 详细评审 | 施工组织设计评审和评分 |
| | | 项目管理机构评审和评分 |
| | | 投标报价评审和评分 |
| | | 其他因素评审和评分 |
| | | 判断投标报价是否低于成本 |
| | | 澄清、说明或补正 |
| | | 汇总评分结果 |
| 4 | 推荐中标候选人或者直接确定中标人及提交评标报告 | 推荐中标候选人 |
| | | 直接确定中标人 |
| | | 编制评标报告 |

2.评审的工作内容

评标委员会应当按照招标文件确定的评标标准和方法，对投标文件进行评审和比较。评审工作的重点在于初步评审与详细评审，初步评审不合格无法进入到详细评审阶段。以下为《房屋建筑和市政工程标准施工招标文件》（2010年版）评标办法的前附表，评委可以根据招标文件内的评审因素和评审标准进行审查，投标人也可以根据评委审查的内容自查自纠投标文件可能出现的问题。有经验的标书制作人员看到评审因素就能在脑海中凭直觉快速地做出判断，把它训练成自己的本能，就像会开车一样，不需要经过大脑思考，直接条件反射出结果。

综合评标法评标办法—初步评审内容详见表2-26。

综合评标法评标办法—初步评审　　表2-26

| 条款号 | 评审因素 | 评审标准 |
|---|---|---|
| 形式评审标准 | 投标人名称 | 与营业执照、资质证书、安全生产许可证一致 |
| | 投标函签字盖章 | 有法定代表人或其委托代理人签字或加盖单位章 |
| | 投标文件格式 | 符合投标文件格式的要求 |
| | 联合体投标人（如有） | 提交联合体协议书，并明确联合体牵头人 |
| | 报价唯一 | 只能有一个有效报价 |
| | …… | …… |
| 资格评审标准 | 营业执照 | 具备有效的营业执照 |
| | 安全生产许可证 | 具备有效的安全生产许可证 |
| | 资质等级 | 符合招标文件要求 |
| | 财务状况 | 符合招标文件要求 |
| | 类似项目业绩 | 符合招标文件要求 |
| | 信誉 | 符合招标文件要求 |
| | 项目经理 | 符合招标文件要求 |
| | 其他要求 | 符合招标文件要求 |
| | 联合体投标人（如有） | 符合招标文件要求 |
| | …… | …… |
| 响应性评审标准 | 投标内容 | 符合招标文件要求 |
| | 工期 | 符合招标文件要求 |
| | 工程质量 | 符合招标文件要求 |
| | 投标有效期 | 符合招标文件要求 |
| | 投标保证金 | 符合招标文件要求 |
| | 权利义务 | 投标函附录中的相关承诺符合或优于“合同条款及格式”的相关规定 |
| | 已标价工程量清单 | 符合“工程量清单”给出的子目编码、子目名称、子目特征、计量单位和工程量 |
| | 技术标准和要求 | 符合招标文件技术标准和要求规定 |
| | 投标价格 | 低于（含等于）拦标价，<br>拦标价=标底价×（1+______%）。<br>低于（含等于）“投标人须知”载明的招标控制价 |
| | 分包计划 | 符合招标文件要求 |
| | …… | …… |

详细评审内容表见表2-27。

**综合评标法评标办法—详细评审（供参考）** **表2-27**

<table>
<tr><th>条款号</th><th>条款内容</th><th>编列内容</th></tr>
<tr><td rowspan="3">分值汇总</td><td>分值构成<br>（总分100分）</td><td>施工组织设计：__________分<br>项目管理机构：__________分<br>投标报价：__________分<br>其他评分因素：__________分</td></tr>
<tr><td>评标基准价计算方法</td><td></td></tr>
<tr><td>投标报价的偏差率计算公式</td><td>偏差率=100%×（投标人报价－评标基准价）/评标基准价</td></tr>
<tr><td>条款号</td><td>评分因素</td><td>评分标准</td></tr>
<tr><td rowspan="8">施工组织设计<br>评分标准</td><td>内容完整性和编制水平</td><td rowspan="7">按照评标办法规定的分值设定、各项评分因素、评分标准，进行评分</td></tr>
<tr><td>施工方案与技术措施</td></tr>
<tr><td>质量管理体系与措施</td></tr>
<tr><td>安全管理体系与措施</td></tr>
<tr><td>环保管理体系与措施</td></tr>
<tr><td>工程进度计划与措施</td></tr>
<tr><td>资源配备计划</td></tr>
<tr><td>……</td><td>……</td></tr>
<tr><td rowspan="4">项目管理机构<br>评分标准</td><td>项目经理资格与业绩</td><td>按照评标办法规定的分值设定、各项评分因素、评分标准，进行评分</td></tr>
<tr><td>技术负责人资格与业绩</td><td>按照评标办法规定的分值设定、各项评分因素、评分标准，进行评分</td></tr>
<tr><td>其他主要人员</td><td>按照评标办法规定的分值设定、各项评分因素、评分标准，进行评分</td></tr>
<tr><td>……</td><td>……</td></tr>
<tr><td>其他因素评分标准</td><td>……</td><td>……</td></tr>
<tr><td>条款号</td><td colspan="2">编列内容</td></tr>
<tr><td>评标程序</td><td colspan="2">详见招标文件评标详细程序</td></tr>
<tr><td>废标条件</td><td colspan="2">详见招标文件废标条件</td></tr>
<tr><td>判断投标报价是否低于其成本</td><td colspan="2">详见招标文件投标人成本评审办法</td></tr>
<tr><td>备选投标方案的评审</td><td colspan="2">详见招标文件备选投标方案的评审和比较办法</td></tr>
<tr><td>计算机辅助评标</td><td colspan="2">详见招标文件计算机辅助评标方法</td></tr>
</table>

### 3.推荐中标候选人或者直接确定中标人

评标委员会按照最终得分由高至低的次序排列，将排序在前的投标人推荐为中标候选人。

招标人授权评标委员会直接确定中标人的，评标委员会按照最终得分由高至低的次序排列，并确定排名第一的投标人为中标人。

投标人数量少于三个或者所有投标被否决的，招标人应当依法重新招标。

### 4.评标专家回避的情况

为了保证评标专家独立客观公正的履行评标职责，因此与投标人有利害关系的评标委员会成员应当回避。评标委员会成员不得与任何投标人或者与招标结果有利害关系的人进行私下接触，不得收受投标人、中介人、其他利害关系人的财物或者其他好处。

《中华人民共和国招标投标法实施条例》第四十六条第三款规定：评标委员会成员与投标人有利害关系，应当主动回避。

如果评标委员会成员与投标人有利害关系，那么可能直接或间接影响到公正评标，影响评标结果，或者引起其他投标人对评标结果的不满。

《中华人民共和国招标投标法实施条例》第四十六条第四款规定：行政监督部门的工作人员不得担任本部门负责监督项目的评标委员会成员。

考虑到行政监督部门工作人员的监督身份，不能既当裁判又做守门员，避免混淆监管身份，影响监督效果。

《评标委员会和评标方法暂行规定》第十二条规定：

有下列情形之一的，不得担任评标委员会成员：

（1）投标人或者投标人主要负责人的近亲属。

（2）项目主管部门或者行政监督部门的人员。

（3）与投标人有经济利益关系，可能影响对投标公正评审的。

（4）曾因在招标、评标以及其他与招标投标有关活动从事违法行为而受过行政处罚或刑事处罚的。

只有评标委员会成员最清楚自己是否具有回避的情形，因此如果有以上的情形，应当主动申请回避。因为招标人不清楚评标委员会成员是否有需要回避的情形，因此在实际工作中可以要求评标委员会成员签署承诺书，确定其不存在需要回避的情形。

### 5.如何避免投标人开标前找评标专家?

以前经常听说有资源有“能量”的投标人，能够提前通过各种渠道找到评标专家，但是随着电子招标的普及，杜绝了这种提前找专家的情况。现在很多地方都有一套专家抽取的电子系统，抽取专家的过程不需要人工干预，招标人或招标代理公司只需要向系统里发出抽取专家请求，系统收到请求后会自动抽取专家，并向专家手机发送短信通知，专家回复确认后，系统会提示招标人或招标代理公司抽取成功，但专家是谁系统是加密的，而且系统抽取专家有一套专门的随机算法，这也是不公开的。这就很大程度上避免了找专家“打招呼”、消息泄露的情形。

6.评定分离法定标

2019年12月3日国家发展和改革委员会正式发布了《中华人民共和国招标投标法（修订草案公开征求意见稿）》，其中一条修订内容是：中标候选人不再排序。

第四十七条“评标委员会应当按照招标文件确定的评标标准和方法**集体研究并分别独立**对投标文件进行评审和比较；设有标底的，应当参考标底。评标委员会完成评标后，应当向招标人提出书面评标报告，并推荐不超过三个合格的中标候选人，**并对每个中标候选人的优势、风险等评审情况进行说明；除招标文件明确要求排序的外，推荐中标候选人不标明排序。**

招标人根据评标委员会提出的书面评标报告和推荐的中标候选人，**按照招标文件规定的定标方法，结合对中标候选人合同履行能力和风险进行复核的情况，自收到评标报告之日起二十日内自主确定中标人。定标方法应当科学、规范、透明。**招标人也可以授权评标委员会直接确定中标人。国务院对特定招标项目的评标有特别规定的，从其规定。

各地也陆续发布了“评定分离”的相关办法。2019年12月25日 苏州市住房和城乡建设局下发《关于优化营商环境加强建设工程招标投标监管》的通知，其中第四条：**推行使用“评定分离”方法**。招标人可以根据招标项目特点和需要采用“评定分离”方法确定中标人。使用“评定分离”方法的，评标委员会应当按照招标文件确定的评标标准和方法，向招标人推荐不超过3家不排序的中标候选人，并对每个候选人的优势、风险等评审情况进行说明。招标人组建定标委员会，按照招标文件规定的定标方法，自收到评标报告之日起十日内确定中标人，公布中标人的同时公示确定中标人的理由。

“评定分离”主要是把定标的工作还给了招标人，让招标人有自主选择中标人的权利，招标人可以在评标委员会推荐的中标候选人中自由确定中标人，如图2-36所示。

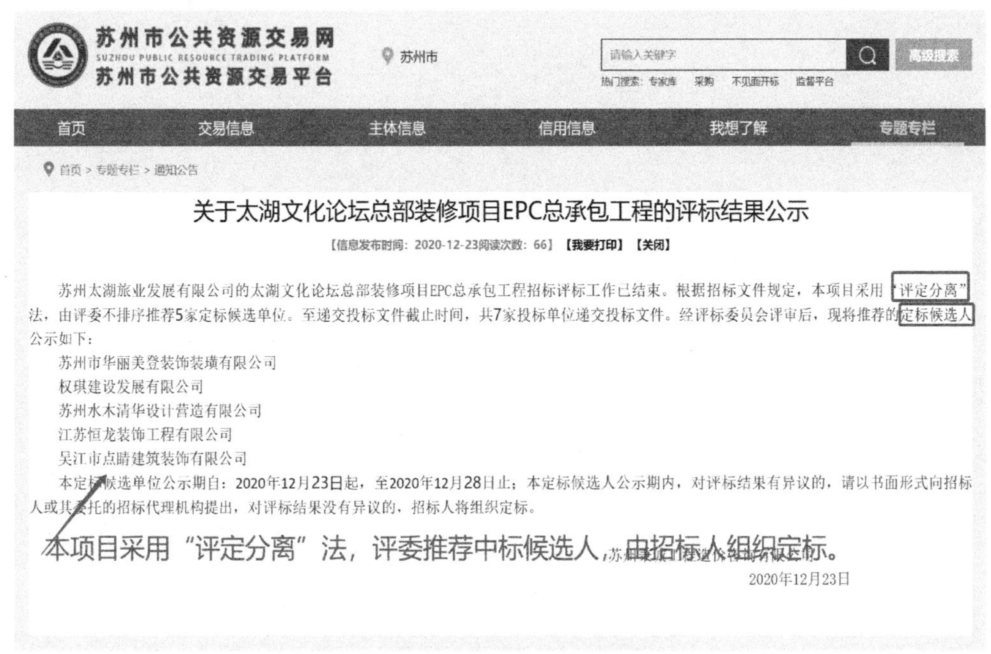
苏州市公共资源交易网
SUZHOU PUBLIC RESOURCE TRADING PLATFORM
苏州市公共资源交易平台
苏州市
请输入关键字
高级搜索
热门搜索：专家库　采购　不见面开标　监督平台
首页　交易信息　主体信息　信用信息　我想了解　专题专栏
首页 > 专题专栏 > 通知公告

关于太湖文化论坛总部装修项目EPC总承包工程的评标结果公示

【信息发布时间：2020-12-23阅读次数：66】【我要打印】【关闭】

苏州太湖旅业发展有限公司的太湖文化论坛总部装修项目EPC总承包工程招标评标工作已结束。根据招标文件规定，本项目采用“评定分离”法，由评委不排序推荐5家定标候选单位。至递交投标文件截止时间，共7家投标单位递交投标文件。经评标委员会评审后，现将推荐的定标候选人公示如下：

苏州市华丽美登装饰装璜有限公司

权琪建设发展有限公司

苏州水木清华设计营造有限公司

江苏恒龙装饰工程有限公司

吴江市点睛建筑装饰有限公司

本定标候选单位公示期自：2020年12月23日起，至2020年12月28日止；本定标候选人公示期内，对评标结果有异议的，请以书面形式向招标人或其委托的招标代理机构提出，对评标结果没有异议的，招标人将组织定标。

2020年12月23日



图2-36　评定分离法定标结果公示

# 第 3 章

# 投标人工作流程及内容

## 3.1 投标流程

建设工程施工投标是具有合法资格和能力的投标人根据招标文件，经过初步研究和估算，在指定期限内提交投标文件，等候开标结果决定自己是否中标。通常按照招标文件的要求，施工单位需要编制商务标和技术标两大部分，如果更细分一些，会增加经济标，投标人按照招标文件的要求编制即可。投标文件编制流程详见图3-1。

投标人多渠道搜索各种招标信息和情报，获取一手招标信息是承接工程的第一步。目前公开招标一般是在各地的公共资源交易网、政府采购网等相关招投标网站，投标人会有专门的人员随时关注招标信息。

对于投标人而言并不是每标必投，如果招标文件条件苛刻、项目施工难度大或者不是本公司擅长的项目类型，参与投标不中会白白浪费投入的资源，参与投标中了也没有利润空间，有亏损的风险，这样的项目要好好斟酌是否要参与投标。在获得招标项目信息或者购买招标文件后，首先要进行投标决策，综合考虑招标项目特征、评分审查标准、潜在竞争对手情况、自身资质条件等因素。投标决策主要考虑两个内容：①是否参与本项目投标；②如果参与项目投标，采用何种策略提高中标率。

当决定参与投标后，就要开始研究招标文件、图纸以及现场勘查等，全方位了解工程项目实际情况，为投标报价提供决策依据。需要结合图纸以及项目实际情况复核工程量清单的准确性，发现问题后根据投标策略决定是否提出疑问。接下来就是造价人员的工作，将招标人或代理公司提供的软件版本的工程量清单导入计价软件，套定额，计算

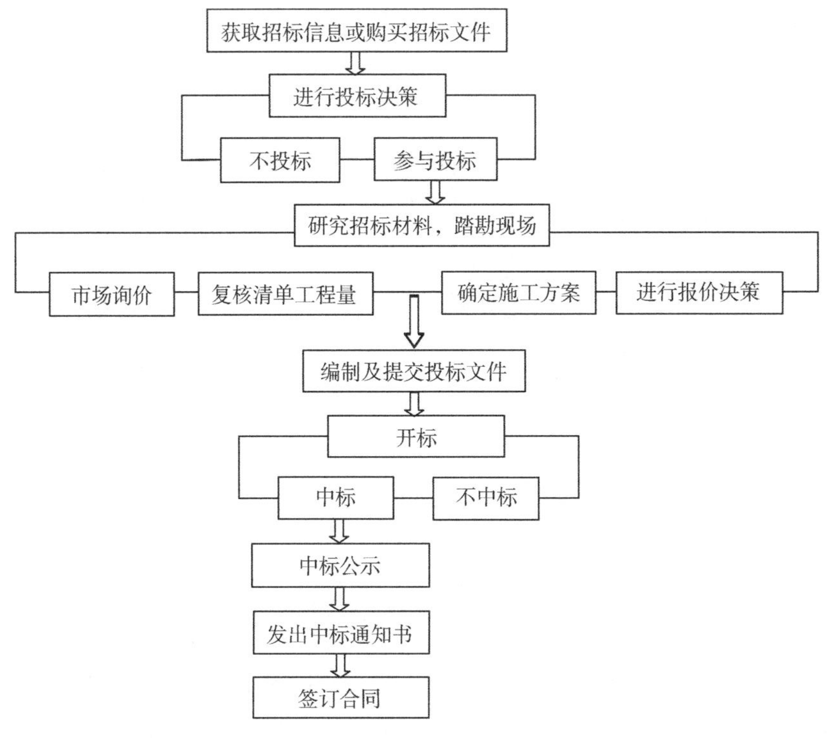


图3-1　投标文件编制流程图

分部分项工程费、措施项目费、其他项目费、规费和税金等，计算初步投标报价。技术人员结合现场实际情况和项目特点编制技术标。最终的投标报价需要投标小组结合项目的投标策略协商确定。

## 3.2　投标人应如何研究招标文件?

为了顺利中标，投标人必须要摸透招标人的意图，招标文件是投标人了解项目信息以及招标人具体需求的载体。投标人要认真研究招标文件，对招标文件理解透彻，掌握招标文件的重点内容，为投标决策提供依据。很多标书编制人员拿到一个招标文件，几百页密密麻麻全是字，根本找不到重点，经常忽略招标文件中的重要信息，误解招标文件的内容和要求，导致废标的出现。那么我们应如何找到招标文件的重点内容呢?

### 3.2.1　投标人应重点研究招标文件的八个方面

1.检查招标文件有无缺漏及前后矛盾的情况

招标人或招标代理机构在编制招标文件时偶尔也会有疏漏的地方，投标人购买招标文件后首先要看招标文件的完整性、齐全性。一般招标文件的主要内容有：投标邀请书，投标人须知，开标、评标、定标办法，合同条款，投标书及各种附件文件格式，技术规范，图样及勘察资料，工程量清单，其他要求和说明等。投标人可以检查内容有无缺项、缺页。

例如招标代理机构在发售招标文件时很容易将施工图、效果图、技术方案之类的文件漏发，因为这类文件数量较大、种类较多，购买招标文件的投标人较多，难免发生错漏，投标人在拿到招标文件后要自行检查。

有时招标文件中投标须知内的质量要求、工期要求、质保期等内容与合同条款内的内容会存在不一致、有冲突的情况。投标人要重点检查该部分内容是否一致，如发现存在前后矛盾的内容要及时与招标代理机构沟通，不能模棱两可、含糊不清，否则会影响项目正常的投标，也可能会引起中标后的合同纠纷。

### 2.了解项目信息、牢记时间和地点

作为投标人要清楚地了解项目信息才能有针对性的编制投标文件。项目名称、项目地点、项目规模、承包方式、质量标准、招标范围、工期要求、标底、最高限价，等等，这些项目的核心信息投标人要了然于胸，或者可以自行到现场勘查了解项目情况。

招标文件所涉及的时间都要牢记，用彩色记号笔重点标注。工作中很多投标人都是将这些重要的时间信息写在部门的展示板上来提醒投标小组成员，或者设置一个定时的闹钟在开标的前几天不断地提醒。因为这个时间如果记错了，整个团队的努力都将付诸东流。比如：招标文件报名截止时间、开标时间、投标保证金缴纳截止时间、踏勘现场时间、投标答疑的时间等相关时间一定不能记错、记漏。

招标文件涉及的开标地点、踏勘现场地点等要牢记，而且对于不熟悉的开标现场最好提前做好功课，或者提前到开标现场了解情况。经常出现投标人跑错现场的情况，因为粗心弄错开标地点，导致失去投标机会也是很可惜的。

### 3.关注合同重点条款

《中华人民共和国招标投标法实施条例》第五十七条规定：招标人和中标人应当依照招标投标法和本条例的规定签订书面合同，合同的标的、价款、质量、履行期限等主要条款应当与招标文件和中标人的投标文件的内容一致。

投标人在编制投标文件时还应关注合同条款的主要内容：工期，付款方式，质保期，有无附加条款等，这些内容直接关系到项目报价，也关系到中标后合同的签订，中标后签订的合同应当与招标文件发布的合同一致。

### 4.掌握投标报价游戏规则

投标人对投标报价游戏规则的研究，是整个投标中最关键的环节。要研究投标报价

评审方法，对于不同的评审方法投标人的报价策略是不一致的，要结合项目技术要求、质量要求、合同条款、工期、评分标准等综合测算出有竞争力的报价。

5.研究评标办法

招标文件的评分标准，这是招标人意志的体现，投标人要重点研究，一般有综合评分法、经评审的最低投标价法。

综合评分法对投标文件提出的工程质量、施工工期、投标价格、主要材料品种和质量、施工组织设计或者施工方案，以及投标人企业信誉、技术力量、技术装备、经济财务状况、企业业绩、已完工程质量情况、项目经理素质和业绩等因素，按满足招标文件中各项要求和评价标准进行评审和比较，以评分的方式进行评估。

经评审的最低投标价法是在投标文件能够满足招标文件实质性要求的投标人中，评审出投标价格最低的投标人，但投标价格不能低于企业成本。

6.找出控标项

一个有经验的投标人看到招标文件应该很快就能看出这个项目有无明显的倾向性，项目控标点在哪里，自己应该如何避坑。

7.协调各方资源

通过上面信息的梳理后，投标人应该会判断这个项目是否有更优化的解决方案，初步核算项目成本，预估项目利润，决定是否要投标。评估自己的中标概率有多大，对于自己达不到的条件，应如何协调各方资源解决，确保顺利投标。

8．“红线”不能碰

关于招标文件的废标、否决投标条款，建议投标人编制投标文件时要关注，确保自己不踩“红线”，在检查标书时也要重点关注，以确保自己顺利投标。有的公司项目废标要扣标书编制人员薪水的，所以有经验的投标人员宁愿不中标也不能废标。

招标文件中涉及的重点内容、强制性条款、星号条款应用荧光笔进行标记，以便于投标文件的编制和审核。

### 3.2.2　投标人复核工程量清单

1.工程量清单概述

按照《建设工程工程量清单计价规范》GB 50500—2013的统一规定，全部使用国有资金投资或以国有资金投资为主的工程建设必须采用工程量清单计价。工程量清单包含：分部分项工程项目清单、措施项目清单、其他项目清单、规费项目清单、税金项目清单。

招标工程量清单是招标人依据国家标准、招标文件、设计文件以及施工现场实际情况编制的，随招标文件发布，其准确性和完整性由招标人负责。投标人在国家定额指导下，结合工程情况、市场竞争情况和本企业实力，并充分考虑各种风险因素，自主填报。

招标人承担着因工程量计算不准确、工程量清单项目特征描述不清楚、工程项目组成不齐全、工程项目组成内容存在漏项、计量单位不正确等风险。

如果招标工程量清单的准确性和完整性都是由招标人负责的，作为投标人是不是拿到招标工程量清单后就完全不用复核，拿来就用呢？

### 2.投标人复核工程量的好处

工程量清单作为清单计价的主要组成内容，在清单计价过程中占据着重要的地位，成了发、承包双方编制招标控制价、投标报价、签订建设工程施工合同、工程计量、价款结算及调整的重要依据。复核工程量清单的目的不是修改清单，而是为报价做出充分准备。复核工程量的重要意义，主要体现在以下几点：

首先，复核工程量可以使投标人对工程项目的规模和特点做一个全面、系统地了解，从而根据工程量的大小选取合适的施工方法和机具设备，确定投入使用的劳动力种类及数量，为中标后材料设备采购做好准备，为投标人的询价、报价打下基础。

其次，经复核后的工程量可以与招标文件提供的清单工程量进行对比、分析，二者之间的差距将成为投标人确定报价策略、决定报价尺度以及施工过程中索赔的重要依据。运用一些报价技巧如不平衡报价等，对于预计今后工程量会有所增加的项目，适当地提高单价；预计将来工程量会有所减少的项目，适当地降低单价。在总价不变的情况下，提高报价质量，为能够顺利中标和中标后获得更大的收益提前打下基础。

（1）工程量计算错误或有漏项。可以在招标文件规定的期限内向招标单位提出异议，若招标人不同意修改工程量或对量差不负责时，施工单位应用综合单价进行修改，以实际工程量（施工工程量）计算工程造价，以招标文件的清单数量进行报价。工程量清单没有考虑施工过程的施工损耗，在编制综合单价时，要在材料消费量中考虑施工损耗。

（2）图纸有错误。清单工程量比图纸所示的数量少，对工程量必须调增的项目，投标人将会提高投标报价，获得更高的利润空间；反之投标人将会降低投标报价，在结算时减少的金额将会较小。

（3）工程项目特征描述与图纸不一致。对以后要按图纸实施调整的项目，投标人将会降低投标报价或在综合单价分析时将错误不一致的材料用量和价格尽量降低，在实施过程中再提出综合单价调整金额过高，进行高价索赔。

（4）对于工程量数量很大的项目，投标人在进行综合单价分析时会对人工费、机械费、管理费和利润降低报价，将材料费尤其是主要材料报价降低。按照工程造价管理部门的文件和《中华人民共和国民法典》的司法解释，材料价格异常波动可以调整合同价格，由于现阶段市场经济对材料价格影响较大，因此在工程实施和结算时，容易获得调整。这些都将给招标人带来增加工程造价的风险。

最后，对于单价合同，尽管是以实际工程量结算工程价款，但投标人仍应根据图纸仔细核算工程数量，当发现相差很大，对自己中标及中标后的经营很不利时，应要求招标人进行澄清；对于固定总价合同，要特别引起重视，工程量估算的错误可能会给投标人带来无法弥补的损失，因为总价合同是以总报价为基础进行结算的，如果工程量出现差异，这种差异可能会对施工单位极为重要。

准确地对工程量进行复核的结果，也在施工过程中发挥出重要的作用，是施工过程中进行控制管理，编制进度计划、成本计划、资源安排计划的重要依据。通过准确的工程量，能够准确地确定采购物资的数量，防止由于超量采购和缺额采购带来的物资浪费、积压、停工待料等损失。有了较为准确的工程量，也是合理安排人工、材料、机具设备、资金等资源的重要依据，使得工程在施工过程中能够未雨绸缪，避免对所干工程心中没底、无计划施工造成的资源浪费和临时仓促应对带来的混乱和损失。准确的工程量也为项目部编制施工进度计划做好充分的准备，使得对工程的计划管理、事前控制成为可能，成为各项工作有条不紊进行的重要保障。

### 3.复核工程量清单的方法

一般来说，招标文件中给出的工程量都比较准确。工程量是投标人计算项目措施费和其他措施费的主要依据，如果存在错误，根据合同价款承包方式可知，会给中标后的企业造成不应有的经济损失甚至亏本。工程数量和项目特征也是投标人采用投标策略的重要依据。

**投标人核实工程量不是重新计算一遍，而是只选择工程量较大、造价高的项目抽查若干项，按图样核对工程量。核对工程量的主要任务有：**

（1）检查有无漏项或重复。

（2）工程量是否正确。

（3）施工方法及要求与图纸是否相符。

如果发现工程量有重大出入特别是漏项，可以向招标人提出，要求招标人认可或以书面的形式向招标人提出疑问，不要随意更改或补充，以免造成废标。

招标文件中工程量清单是投标人报价的基础。由于种种原因，清单中的工程量可能与施工图中的工程量存在一定的差距。如果投标人发现工程量有疑问，不要擅自更改，要马上要求招标人给予澄清。但如果能够确定工程量有误或有漏计的工程项目，而且该错误有助于投标人在合同执行过程中获取更多的利润，应该对该情况持保留态度，不要马上提出澄清，可以在报价时加以利用或在合同履行过程中提出索赔要求的，也可通过不平衡报价加以利用，利用这些错误为中标后的索赔留下伏笔。

## 3.3 投标文件编制的主要内容

投标文件的组成内容，招标文件中会写明，投标人需要响应招标文件的要求，应按照招标文件提供的格式编制，一般不能带有任何的附加条件，否则可能被否决投标。

根据《房屋建筑和市政工程标准施工招标文件》(2010年版)，投标文件一般由以下几个内容组成：

(1) 投标函及投标函附录。

(2) 法定代表人身份证明。

(3) 授权委托书。

(4) 联合体协议书。

(5) 投标保证金。

(6) 已标价工程量清单。

(7) 施工组织设计。

(8) 项目管理机构。

(9) 拟分包项目情况表。

(10) 资格审查资料。

(11) 其他材料。

### 1.投标函及投标函附录

投标函是投标人响应招标文件的要求，对投标报价、项目工期、质量标准、投标有效期等实质性条款作出响应，一般放在投标文件的首页，是投标文件的核心。

在工作中经常出现标书编制人员为了省事，直接用以前类似项目的投标文件作为模板，修改项目信息编制投标文件。但是不同的项目提供的投标文件格式可能会有细微的差距，如果在某些实质性条款的内容上有偏差，则可能导致未实质性响应招标文件而被废标。

**投 标 函**

致：(此处填写招标人名称)

在考察现场并充分研究 (此处填写项目名称) 标段（以下简称本工程）施工招标文件的全部内容后，我方兹以：

人民币（大写）：(此处填写投标报价大写金额，注意大小写金额保持一致) 元

RMB￥：(此处填写投标报价小写金额，注意报价单位元/万元不能写错) 元

的投标价格和按合同约定有权得到的其他金额，并严格按照合同约定，施工、竣工和交付本工程并维修其中的任何缺陷。

如果我方中标，我方保证按照合同约定的开工日期开始本工程的施工，并保证在(按照招标文件的要求填写) ____天（日历日）内竣工。我方确保工程质量达到 (按照招标文件的要求填写) 标准。我方同意本投标函在招标文件规定的提交投标文件截止时间后，在招标文件规定的投标有效期期满前对我方具有约束力，且随时准备接受

你方发出的中标通知书。

我单位拟派项目负责人：__________（姓名），资质等级：____级，证号__________。项目负责人主要业绩及信誉状况（此投标人选择没有在建项目的负责人填写）。

我单位拟派安全员：__________（姓名），__________（身份证号），______（电话）。

在签署协议书之前，你方的中标通知书连同本投标函，对双方具有约束力。

投标人（盖章）：

法人代表或委托代理人（签字或盖章）：

日期：________年____月____日

投标函附录一般附于投标函之后，是对投标文件中涉及关键性或实质性的内容条款进行说明或强调，详见表3-1。

投标人在响应招标文件中规定的实质性要求和条件的基础上，可做出其他有利于招标人的承诺。

投标函附录表格中的“**序号**”是条款内容按照招标文件合同条款的先后顺序进行排列的，“**条款内容**”是招标文件涉及实质性响应或比较重要的内容的条款，“**合同条款号**”是所摘录的条款内容在合同内的条款号，“**约定内容**”是投标人响应招标文件条款内容的承诺，一定要按照招标文件的要求响应。

**投标函附录**　　**表3-1**

工程名称：（项目名称）标段

| 序号 | 条款内容 | 合同条款号 | 约定内容 | 备注 |
|---|---|---|---|---|
| 1 | 项目经理 | 1.1.2.4 | 姓名： | |
| 2 | 工期 | 1.1.4.3 | 日历天 | |
| 3 | 缺陷责任期 | 1.1.4.5 | | |
| 4 | 承包人履约担保金额 | 4.2 | | |
| 5 | 分包 | 4.3.4 | 见分包项目情况表 | |
| 6 | 逾期竣工违约金 | 11.5 | 元/天 | |
| 7 | 逾期竣工违约金最高限额 | 11.5 | — | |
| 8 | 质量标准 | 13.1 | | |
| 9 | 价格调整的差额计算 | 16.1.1 | 见价格指数权重表 | |
| 10 | 预付款额度 | 17.2.1 | | |
| 11 | 预付款保函金额 | 17.2.2 | | |
| 12 | 质量保证金扣留百分比 | 17.4.1 | | |
| 13 | 质量保证金额度 | 17.4.1 | | |
| | …… | | | |
| 备注：投标人在响应招标文件中规定的实质性要求和条件的基础上，可做出其他有利于招标人的承诺。此类承诺可在本表中予以补充填写 | | | | |

投标人（盖章）

法人代表或委托代理人（签字或盖章）

日期：__________年_____月____日

投标函及投标函附录填写注意事项：投标人编写投标函及投标函附录一定要严格按照招标文件提供的格式，不得随意增减内容，否则有可能被否决投标。

### 2.法定代表人身份证明

法定代表人身份证明用以证明投标文件签署人的身份以及投标文件签字的有效性和真实性。

投标文件中的单位负责人或法定代表人身份证明一般应包括：投标人名称、单位性质、地址、成立时间、经营期限等投标人的一般资料，除此之外，还应有法定代表人的姓名、性别、年龄、职务等有关单位负责人或法定代表人的相关信息和资料。

投标人填写的法定代表人应与其营业执照上载明的法定代表人一致。

**法定代表人身份证明**

投 标 人：____________________

单位性质：____________________

地　　址：____________________

成立时间：________年____月____日

经营期限：____________________

姓　　名：__________　　性　　别：__________

年　　龄：__________　　职　　务：__________

系__________（投标人名称）的法定代表人。特此证明。

投标人________（盖单位章）

________年____月____日

### 3.授权委托书

若投标人的法定代表人不能亲自签署投标文件进行投标，则法定代表人需授权代理人全权代表其签署、澄清、说明、补正、递交、撤回、修改投标文件，签订合同和处理有关事宜。

授权委托书一般规定代理人无转委托权，法定代表人应在授权委托书上亲笔签名。

**授权委托书**

本人（填写法人姓名）系（填写投标人名称）的法定代表人，现委托（填写委托代理人姓名）为我方代理人。代理人根据授权，以我方名义签署、澄清、说明、补正、递交、撤回、修改（填写项目名称）标段施工投标文件，签订合同和处理有关事宜，其法律后果由我方承担。

委托期限：____________________。

代理人无转委托权。

附：法定代表人身份证明

投　标　人：______________（盖单位章）
法定代表人：________________（签字）
身份证号码：________________
委托代理人：________________（签字）
身份证号码：________________
_________年____月____日

## 4.联合体协议书

招标人允许联合体投标的，联合体各方均应当具备承担招标项目的相应能力。其中，同一专业的单位组成的联合体，按照资质等级**最低**的单位确定资质等级。

联合体协议书中应明确联合体各成员单位拟承担的项目工作内容和责任，并向招标人承担连带责任，见图2-35。

## 5.投标保证金

为了防止投标人出现撤销或者反悔投标的情况，导致招标人承受损失，因此要求投标人按规定的形式和金额提交投标保证金。投标人不按招标文件要求提交投标保证金的，其投标文件应被否决。

在招标采购活动中，保证金被占有、挪用等违法行为时常出现，投标人大量资金被长时间占用，资金成本过高，给投标人造成沉重负担，不利于投标人的发展。

目前投标保证金制度已经不能适应招标采购“放管服”改革的要求，各地陆续发布通知取消收取投标保证金或是用投标承诺代替投标保证金，这一系列举措的出台，预示着投标保证金制度正在加快退出历史舞台。图3-2为苏州市关于废止建设工程年度投标保证金制度的通知。

苏州市住房和城乡建设局　　微信公众号　网站地图

您当前所在位置：首页>政务公开>部门文件

分享到：　　【打印页面】　【关闭页面】

关于废止我市建设工程年度投标保证金制度的通知

苏住建建〔2020〕28号

【来源：苏州市住房和城乡建设局】【索引号：014149869/2020-00558】【发布日期：2020-08-05 13:37】【阅读次数：3072】

各市、区住建局，苏州工业园区规建委；各市、区公共资源交易分中心；各相关单位：

为进一步深化“放管服”改革，优化我市工程项目招投标领域营商环境，经研究，决定废止我市建设工程年度投标保证金制度（以下简称“年度保证金”）。现就有关事项通知如下：

一、苏州市建设工程不再施行年度投标保证金制度。为减少对各年度保证金交纳单位投标活动的影响，在本通知发布之日起30日内，请各建筑业企业携带相关年度保证金交纳证明到年度投标保证金的收取机构办理年度保证金退回手续，年度投标保证金收取机构收到退回手续后将年度保证金本金及利息及时退还企业基本账户。

二、废止投标保证金相关文件，《市住房城乡建设局 市政务服务管理办公室关于调整建设工程投标保证金缴纳办法的通知》（苏住建建〔2016〕39号）、《关于施行建设工程监理企业年度投标保证金缴纳办法的通知》（苏住建建〔2019〕37号）文同时废止。

三、本通知自2020年9月1日起执行。

苏州市住房和城乡建设局
苏州市行政审批局
2020年8月5日

图3-2　关于废止我市建设工程年度投标保证金制度的通知

投标保证金格式见图3-3。

**投标保证金**

保函编号：________________

______________（招标人名称）：

鉴于____（填写投标人名称）（以下简称投标人）参加你方__________（填写项目名称）

______标段的施工投标，（填写担保人名称）（以下简称我方）受该投标人委托，在此无条件地、不可撤销地保证：一旦收到你方提出的下述任何一种事实的书面通知，在7日内无条件地向你方支付总额不超过（投标保函额度）的任何你方要求的金额：

1.投标人在规定的投标有效期内撤销或者修改其投标文件。

2.投标人在收到中标通知书后无正当理由而未在规定期限内与贵方签署合同。

3.投标人在收到中标通知书后未能在招标文件规定期限内向贵方提交招标文件所要求的履约担保。

本保函在投标有效期内保持有效，除非你方提前终止或解除本保函。要求我方承担保证责任的通知应在投标有效期内送达我方。保函失效后请将本保函交投标人退回我方注销。

本保函项下所有权利和义务均受中华人民共和国法律管辖和制约。

担保人名称：______________（盖单位章）

法定代表人或其委托代理人：______（签字）

地　址：______________________________

邮政编码：____________________________

电　话：______________________________

传　真：______________________________

________年____月____日

备注：经过招标人事先的书面同意，投标人可采用招标人认可的投标保函格式，但相关内容不得背离招标文件约定的实质性内容。

**图3-3　投标保证金格式**

### 6.已标价工程量清单

已标价工程量清单是投标人按照招标文件的要求以及有关计价规定，依据招标人提供的工程量清单、施工设计图纸、结合工程项目特点、施工现场情况及企业自身的技术能力、管理水平确定的投标报价。已标价工程量清单会在商务标编制方法中详述。

### 7.施工组织设计

施工组织设计是投标报价的基础，也是重要的技术标文件。投标人在编制施工组织设计时要结合招标项目的特点、难点，有针对性地编制符合项目实际情况、易于实施的技术、服务和管理方案，满足招标文件的工期、质量、安全等实质性要求，并根据招标文件的统一格式和要求进行阐述和编制。

不同的招标文件对施工组织设计的要求不同，投标人应根据招标文件和对现场踏勘情况，采用文字并结合图表形式，参考以下要点编制工程施工组织设计：

（1）施工方案及技术措施；

（2）质量保证措施和创优计划；

（3）施工总进度计划及保证措施（包括以横道图或标明关键线路的网络进度计划、保障进度计划需要的主要施工机械设备、劳动力需求计划及保证措施、材料设备进场计划及其他保证措施等）；

（4）施工安全措施计划；

（5）文明施工措施计划；

（6）施工场地治安保卫管理计划；

（7）施工环保措施计划；

（8）冬期和雨期施工方案；

（9）施工现场总平面布置（投标人应递交一份施工总平面图，绘出现场临时设施布置图表并附文字说明，说明临时设施、加工车间、现场办公、设备及仓储、供电、供水、卫生、生活、道路、消防等设施的情况和布置）；

（10）项目组织管理机构（若施工组织设计采用"暗标"方式评审，则在任何情况下，"项目管理机构"不得涉及人员姓名、简历、公司名称等暴露投标人身份的内容）；

（11）承包人自行施工范围内拟分包的非主体和非关键性工作材料计划和劳动力计划；

（12）成品保护和工程保修工作的管理措施和承诺；

（13）任何可能的紧急情况的处理措施、预案以及抵抗风险（包括工程施工过程中可能遇到的各种风险）的措施；

（14）对总包管理的认识以及对专业分包工程的配合、协调、管理、服务方案；

（15）与发包人、监理及设计人的配合；

（16）招标文件规定的其他内容。

如果要求施工组织设计为"暗标"，应当以能够隐去投标人的身份为原则，若投标人须知规定施工组织设计采用技术"暗标"方式评审，则施工组织设计的编制和装订应按暗标的编制和装订要求：

（1）打印纸张要求：____________________。

（2）打印颜色要求：____________________________。

（3）正本封皮（包括封面、侧面及封底）设置及盖章要求：____________。

（4）副本封皮（包括封面、侧面及封底）设置要求：__________________。

（5）排版要求：____________________________________________。

（6）图表大小、字体、装订位置要求：_______________________。

（7）所有"技术暗标"必须合并装订成一册，所有文件左侧装订，装订方式应牢固、美观，不得采用活页方式装订，均应采用___________________方式装订。

（8）编写软件及版本要求：Microsoft Word______________。

（9）任何情况下，技术“暗标”中不得出现任何涂改、行间插字或删除痕迹。

（10）除满足上述各项要求外，构成投标文件的技术“暗标”的正文中均不得出现投标人的名称和其他可识别投标人身份的字符、徽标、人员名称以及其他特殊标记等。

## 8.项目管理机构

（1）项目管理机构组成表（表3-2）。

**项目管理机构组成表** **表3-2**

| 职务 | 姓名 | 职称 | 执业或职业资格证明 | | | | | 备注 |
|---|---|---|---|---|---|---|---|---|
| | | | 证书名称 | 级别 | 证号 | 专业 | 养老保险 | |
| | | | | | | | | |
| | | | | | | | | |
| | | | | | | | | |
| | | | | | | | | |
| | | | | | | | | |

（2）主要人员简历表。

①项目经理简历表（表3-3）。

项目经理应附建造师执业资格证书、注册证书、安全生产考核合格证书、身份证、职称证、学历证、养老保险复印件及未担任其他在施建设工程项目项目经理的承诺书，管理过的项目业绩须附合同协议书和竣工验收备案登记表复印件。类似项目限于以项目经理身份参与的项目。

**项目经理简历表** **表3-3**

<table>
<tr><td>姓名</td><td></td><td>年龄</td><td></td><td>学历</td><td></td></tr>
<tr><td>职称</td><td></td><td>职务</td><td></td><td>拟在本工程任职</td><td></td></tr>
<tr><td colspan="3">注册建造师执业资格等级</td><td>级</td><td>建造师专业</td><td></td></tr>
<tr><td colspan="3">安全生产考核合格证书</td><td colspan="3"></td></tr>
<tr><td>毕业学校</td><td colspan="5">年毕业于 学校 专业</td></tr>
<tr><td colspan="6">主要工作经历</td></tr>
<tr><td>时间</td><td colspan="3">参加过的类似项目名称</td><td>工程概况说明</td><td>发包人及联系电话</td></tr>
<tr><td></td><td></td><td></td><td></td><td></td><td></td></tr>
<tr><td></td><td></td><td></td><td></td><td></td><td></td></tr>
</table>

②主要项目管理人员简历表（表3-4）。

主要项目管理人员指项目副经理、技术负责人、合同商务负责人、专职安全生产管理人员等岗位人员。应附注册资格证书、身份证、职称证、学历证、养老保险复印件，专职安全生产管理人员应附安全生产考核合格证书，主要业绩须附合同协议书。

**主要项目管理人员简历表**　　表3-4

| 岗位名称 | | | |
|---|---|---|---|
| 姓名 | | 年龄 | |
| 性别 | | 毕业学校 | |
| 学历和专业 | | 毕业时间 | |
| 拥有的执业资格 | | 专业职称 | |
| 执业资格证书编号 | | 工作年限 | |
| 主要工作业绩及担任的主要工作 | | | |
| | | | |

（3）承诺书。

**承　诺　书**

________________（招标人名称）：

我方在此声明，我方拟派往_____（项目名称）______标段（以下简称本工程）的项目经理___（项目经理姓名）现阶段没有担任任何在施建设工程项目的项目经理。我方保证上述信息的真实和准确，并愿意承担因我方就此弄虚作假所引起的一切法律后果。

特此承诺

投标人：_____________（盖单位章）

法定代表人或其委托代理人：_____（签字）

_________年___月___日

## 9.拟分包项目情况表

投标人如有需要分包的项目，则需要填写分包情况表（表3-5）。

**拟分包项目情况表** **表3-5**

<table>
<tr><th rowspan="2">序号</th><th rowspan="2">拟分包项目名称、范围及理由</th><th colspan="5">拟选分包人</th><th rowspan="2">备注</th></tr>
<tr><th colspan="2">拟选分包人名称</th><th>注册地点</th><th>企业资质</th><th>有关业绩</th></tr>
<tr><td rowspan="2"></td><td rowspan="2"></td><td>1</td><td></td><td></td><td></td><td></td><td></td></tr>
<tr><td>2</td><td></td><td></td><td></td><td></td><td></td></tr>
<tr><td rowspan="2"></td><td rowspan="2"></td><td>1</td><td></td><td></td><td></td><td></td><td></td></tr>
<tr><td>2</td><td></td><td></td><td></td><td></td><td></td></tr>
<tr><td rowspan="2"></td><td rowspan="2"></td><td>1</td><td></td><td></td><td></td><td></td><td></td></tr>
<tr><td>2</td><td></td><td></td><td></td><td></td><td></td></tr>
<tr><td rowspan="2"></td><td rowspan="2"></td><td>1</td><td></td><td></td><td></td><td></td><td></td></tr>
<tr><td>2</td><td></td><td></td><td></td><td></td><td></td></tr>
</table>

备注：本表所列分包仅限于承包人自行施工范围内的非主体、非关键工程。

年　　月　　日

## 10.资格审查资料

（1）投标人基本情况表（表3-6）。

**投标人基本情况表** **表3-6**

<table>
<tr><td>投标人名称</td><td colspan="7"></td></tr>
<tr><td>注册地址</td><td colspan="4"></td><td>邮政编码</td><td colspan="2"></td></tr>
<tr><td rowspan="2">联系方式</td><td>联系人</td><td colspan="3"></td><td>电　话</td><td colspan="2"></td></tr>
<tr><td>传真</td><td colspan="3"></td><td>网　址</td><td colspan="2"></td></tr>
<tr><td>组织结构</td><td colspan="7"></td></tr>
<tr><td>法定代表人</td><td>姓名</td><td></td><td colspan="2">技术职称</td><td></td><td>电话</td><td></td></tr>
<tr><td>技术负责人</td><td>姓名</td><td></td><td colspan="2">技术职称</td><td></td><td>电话</td><td></td></tr>
<tr><td>成立时间</td><td colspan="2"></td><td colspan="5">员工总人数：</td></tr>
<tr><td>企业资质等级</td><td></td><td></td><td rowspan="5">其中</td><td colspan="2">项目经理</td><td colspan="2"></td></tr>
<tr><td>营业执照号</td><td></td><td></td><td colspan="2">高级职称人员</td><td colspan="2"></td></tr>
<tr><td>注册资金</td><td></td><td></td><td colspan="2">中级职称人员</td><td colspan="2"></td></tr>
<tr><td>开户银行</td><td></td><td></td><td colspan="2">初级职称人员</td><td colspan="2"></td></tr>
<tr><td>账号</td><td></td><td></td><td colspan="2">技　　工</td><td colspan="2"></td></tr>
<tr><td>经营范围</td><td colspan="7"></td></tr>
<tr><td>备注</td><td colspan="7"></td></tr>
</table>

备注：本表后应附企业法人营业执照及其年检合格的证明材料、企业资质证书副本、安全生产许可证等材料的复印件。

（2）近年财务状况表。

近年财务状况表是指经会计师事务所或审计机构审计的财务会计报表，包括资产负债表、损益表、现金流量表、利润表和财务情况说明书的复印件，具体年份要求见招标文件的规定。

（3）近年完成的类似项目情况表（表3-7）。

**近年完成的类似项目情况表**　　表3-7

| 项目名称 | |
|---|---|
| 项目所在地 | |
| 发包人名称 | |
| 发包人地址 | |
| 发包人联系人及电话 | |
| 合同价格 | |
| 开工日期 | |
| 竣工日期 | |
| 承担的工作 | |
| 工程质量 | |
| 项目经理 | |
| 技术负责人 | |
| 总监理工程师及电话 | |
| 项目描述 | |
| 备注 | |

备注：1.类似项目指________________________工程。

2.本表后附中标通知书和（或）合同协议书、工程接收证书（工程竣工验收证书）的复印件，具体年份要求见投标人须知前附表。每张表格只填写一个项目，并标明序号。

（4）正在施工的和新承接的项目情况表（表3-8）。

**正在施工的和新承接的项目情况表**　　表3-8

| 项目名称 | |
|---|---|
| 项目所在地 | |
| 发包人名称 | |
| 发包人地址 | |
| 发包人电话 | |
| 签约合同价 | |
| 开工日期 | |
| 计划竣工日期 | |

续表

| 承担的工作 | |
|---|---|
| 工程质量 | |
| 项目经理 | |
| 技术负责人 | |
| 总监理工程师及电话 | |
| 项目描述 | |
| 备注 | |

备注：本表后附中标通知书和（或）合同协议书复印件。每张表格只填写一个项目，并标明序号。

（5）近年发生的诉讼和仲裁情况

近年发生的诉讼和仲裁情况仅限于投标人败诉的，且与履行施工承包合同有关的案件，不包括调解结案以及未裁决的仲裁或未终审判决的诉讼。

（6）企业其他信誉情况表（年份要求同诉讼及仲裁情况年份要求）

①近年企业不良行为记录情况。

②在施工程以及近年已竣工工程合同履行情况。

③其他。

备注：

（1）企业不良行为记录情况主要是近年投标人在工程建设过程中因违反有关工程建设的法律、法规、规章或强制性标准和执业行为规范，经县级以上建设行政主管部门或其委托的执法监督机构查实和行政处罚，形成的不良行为记录。

（2）合同履行情况主要是投标人近年所承接工程和已竣工工程是否按合同约定的工期、质量、安全等履行合同义务，对未竣工工程合同履行情况还应重点说明非不可抗力解除合同（如果有）的原因等具体情况，等等。

# 第4章

# 商务标编制方法

## 4.1　投标报价编制方法

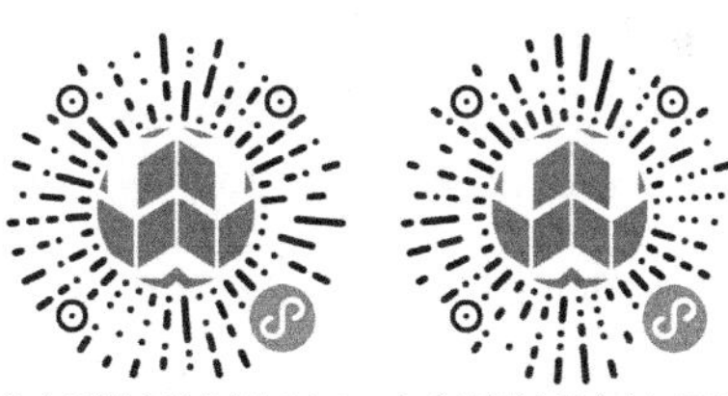

如何编制商务标（上）　如何编制商务标（下）

如何编制商务标？

### 4.1.1　什么是投标报价？

投标报价是投标人按照招标文件的要求以及有关计价规定，依据招标人提供的工程量清单、设计图纸，并结合工程项目特点、施工现场情况及企业自身的技术能力、管理水平等确定的工程造价。

投标报价编制是投标人对拟投标项目各种费用计算的过程，投标人计算出自己的成本，考虑合理利润后报价，投标报价不能高于招标人设定的招标控制价。

投标人应按招标工程量清单填报价格。使用统一的工程量清单，可以使投标人在投标报价中具有共同的竞争基础。为了避免差错，投标人填写的项目编码、项目名称、项目特征、计量单位、工程量必须与招标工程量清单一致。

投标人应以施工方案、技术措施等作为投标报价计算的基本条件。企业定额反映企业技术和管理水平，是计算人工、材料和机械台班消耗量的基本依据；更要充分利用现场考察、调研成果、市场价格信息和行情资料等编制投标报价。

### 4.1.2　投标报价编制依据

投标报价编制依据为：

（1）《建设工程工程量清单计价规范》GB 50500—2013；

（2）国家或省级、行业建设主管部门颁发的计价办法；

（3）企业定额，国家或省级、行业建设主管部门颁发的计价定额和计价办法；

（4）招标文件、招标工程量清单及其补充通知、答疑纪要；

（5）建设工程设计文件及相关资料；

（6）施工现场情况、工程特点及投标时拟定的施工组织设计或施工方案；

（7）与建设项目相关的标准、规范等技术资料；

（8）市场价格信息或工程造价管理机构发布的工程造价信息；

（9）其他相关资料。

### 4.1.3 投标报价编制流程

1.投标报价流程

投标报价应包括按招标文件规定完成工程量清单所列项目的全部费用，包括分部分项工程费、措施项目费、其他项目费和规费、税金。

工程量清单计价模式计算投标报价时，将工程量清单与综合单价相乘得出分部分项工程费，然后结合招标文件要求、计价依据、市场状况等计算出措施项目费、其他项目费、规费和税金，汇总得出单位工程投标报价汇总表，再层层汇总，分别得出单项工程投标报价汇总表和工程项目投标总价汇总表。工程量清单投标报价流程详见图4-1。

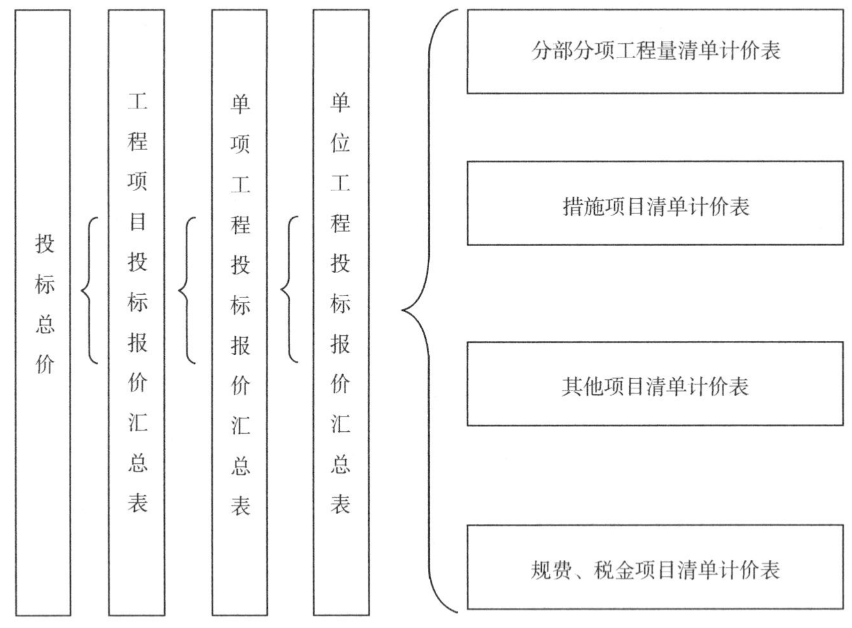


图4-1 工程量清单投标报价流程图

2.单位工程投标报价方法及程序（表4-1）

**单位工程投标报价方法及程序**　　表4-1

| 序号 | 汇总内容 | 报价方法 | 计算方法 | 说明 |
|---|---|---|---|---|
| 1 | 分部分项工程费 | 按计价规定计算（可竞争费用） | 综合单价×清单工程量 | 综合单价：人工费、材料费、机械费、企业管理费、利润、一定范围内的风险费之和 |
| 2 | 措施项目费 | | | |
| 2.1 | 单价措施项目费 | 按计价规定计算（可竞争费用） | 综合单价×清单工程量 | 综合单价：人工费、材料费、机械费、企业管理费、利润、一定范围内的风险费之和 |
| 2.2 | 总价措施项目费 | 按计价规定计算（可竞争费用） | （分部分项项目费+单价措施项目费－工程设备费）×费率 | 其中：安全文明施工费按招标文件要求计算（不可竞争费用） |
| 3 | 其他项目费 | | | |
| 3.1 | 暂列金额 | 按招标文件提供金额计列（不可竞争费用） | 按招标文件提供金额计列 | |
| 3.2 | 专业工程暂估价 | 按招标文件提供金额计列（不可竞争费用） | 按招标文件提供金额计列 | |
| 3.3 | 计日工 | 可竞争费用 | 计日工综合单价×计日工数量 | |
| 3.4 | 总承包服务费 | 按计价规定计算（可竞争费用） | 按计价规定计算（可竞争费用） | |
| 4 | 规费 | 按规定标准计算 | [（1+2+3）－除税工程设备]×规定费率 | |
| 5 | 税金 | 1+2+3+4－除税甲供材料和甲供设备费/1.01 | 1+2+3+4－除税甲供材料和甲供设备费/1.01 | |
| 投标报价合计：1+2+3+4+5－除税甲供材料和甲供设备费/1.01 | | | | |

## 4.2　分部分项工程费用

### 4.2.1　分部分项工程费组成

分部分项工程费是指各专业工程的分部分项工程应予列支的各项费用，包括：人工费、材料费、施工机械使用费、管理和利润。

分部分项工程费=分部分项工程量×综合单价。

综合单价包括：人工费、材料费、施工机械使用费、管理费和利润。

1. 人工费

直接从事建筑安装工程施工作业的生产工人开支的各项费用。

2.材料费

施工过程中耗费的构成工程实体的原材料、辅助材料、构配件、零件、半成品的费用，以及检验试验费。

3. 机械费

施工机械作业所发生的机械使用费以及机械安拆费和场外运费。

4. 企业管理费

建筑安装企业组织施工生产和经营管理所需费用。

5.利润

建筑安装企业从事建筑安装工程施工所获得的盈利。

### 4.2.2 分部分项工程费计算方法

分部分项工程最主要的是确定综合单价，应根据招标文件中分部分项工程和单价措施项目清单与计价表的特征描述确定综合单价。综合单价包括完成一个规定清单项目所需的人工费、材料费、机械费、管理费、利润并考虑合理的风险。

1.综合单价确定的依据

（1）工程量清单项目特征描述：

投标人投标报价时应依据招标工程量清单项目的特征描述确定清单项目的综合单价。在招投标过程中，若出现工程量清单特征描述与设计图纸不符，投标人应以招标工程量清单的项目特征描述为准，确定投标报价的综合单价；若施工中施工图纸或设计变更与招标工程量清单项目特征描述不一致，发承包双方应按实际施工的项目特征依据合同约定重新确定综合单价。

（2）企业定额：

投标人在以往经验中积累了大量的完成单位工程项目所需的人工、材料、施工机械台班的消耗量，并加以整理分析形成企业定额。它是根据本企业具有的管理水平、拥有的施工技术和施工机械装备水平而编制的，因此采用企业定额较为合理。投标企业没有企业定额时可根据企业自身情况参照消耗量定额进行调整。

（3）人材机价格确定：

综合单价中的人工费、材料费、机械费是以企业定额的人、材、机消耗量乘以人、材、机的实际价格得出的，因此投标人拟投入的人、材、机等资源的可获取价格直接影响综合单价的高低。人工费不仅要考虑一些重要的技术人员或管理人员，还应结合项目当地的劳务市场价格综合确定。

材料费需充分比较各个材料来源地的市场价格以及施工地点的运输方式和运输费用，以便选择最经济的材料。材料消耗量不仅要考虑在施工过程中直接用于建筑和安装工程的材料，而且还要摊入不可避免的施工废料以及不可避免的材料消耗。

施工机械台班费的计算：施工机械台班费与施工设备的来源密切相关，设备可以是购置的，也可以是租赁的。投标人自行购置的施工设备，台班费包括不变费用、可变费用及其他税费，这些费用可参照行业有关定额和规定计算。

（4）企业管理费费率、利润率：

企业管理费费率可由投标人根据本企业近年的企业管理费核算数据自行测定；利润率可由投标人根据本企业当前盈利情况、施工水平、拟投标工程的竞争情况以及企业当前经营策略自主确定。

（5）风险费用：

招标文件中要求投标人承担的风险费用，投标人应在综合单价中予以考虑，通常以风险费率的形式进行计算。风险费率的测算应根据招标人要求并结合投标企业当前风险控制水平进行定量测算。在施工过程中，当出现的风险内容及其范围（幅度）在招标文件规定的范围（幅度）内时，综合单价不得变动，合同价款不作调整。

（6）材料、工程设备暂估价：

招标工程量清单中提供了暂估单价的材料、工程设备，按暂估的单价计入综合单价。

### 2.确定综合单价的步骤和方法

当分部分项工程量清单由单一子目计价，且《建设工程工程量清单计价规范》GB 50500—2013与所使用计价定额中的工程量计算规则相同，只需用相应计价定额子目中的人、材、机费做基数计算管理费、利润，再考虑相应的风险费用即可。

当分部分项工程量清单与所用计价定额单位不同或计算规则不同，则需要按照计价定额的计算规则重新计算工程量，确定综合单价。综合单价确定的步骤和方法详见表4-2。

**综合单价确定的步骤和方法**　　　　**表4-2**

| | |
|---|---|
| 当分部分项工程量清单由单一计价子目计价，且《建设工程工程量清单计价规范》GB 50500—2013与所使用计价定额中的工程量计算规则相同 | 只需用相应计价定额子目中的人、材、机费做基数计算管理费、利润，再考虑相应的风险费用即可 |
| 当工程量清单给出的分部分项工程与所用计价定额单位不同或计算规则不同 | 根据项目特征，分析分部分项工程的清单项所包含的各项工程内容并计算子目工程量 |
| | 对所包含子目进行组价，进行人工、材料、机械调差、取费，形成子目综合单价 |
| | 各子目组价项的工程量乘以其综合单价，得出综合合价 |
| | 各子目综合合价之和成为清单综合合价，清单综合合价除以清单工程量得出清单项的综合单价 |

再分别将各分项工程的清单工程量与其相应的综合单价相乘，其乘积就是各分项工程所需的全部费用，可编制分部分项工程和单价措施项目清单与计价表，详见表4-3。

**分部分项工程和单价措施项目清单与计价表** **表4-3**

工程名称：××社区办公用房装饰工程　　标段：0001

| 序号 | 项目编码 | 项目名称 | 项目特征描述 | 计量单位 | 工程量 | 金额（元） | | |
|---|---|---|---|---|---|---|---|---|
| | | | | | | 综合单价 | 合价 | 其中：暂估价 |
| | | 地面改造部分 | | | | | 93743.63 | 57017.59 |
| 1 | 011102003001 | 块料楼地面 | 20mm1：3干硬性水泥砂浆；20mm1：2干硬性水泥砂浆粘贴800×800灰色抛光砖；成品保护 | $m^2$ | 465.83 | 201.24 | 93743.63 | 57017.59 |
| | | 立面改造部分 | | | | | 12085.88 | |
| 2 | 011210001001 | 隔断 | 75系列轻钢龙骨；双面12mm纸面石膏板；板面钉眼封点防锈漆；自粘胶带 | $m^2$ | 92.74 | 130.32 | 12085.88 | |
| | | 顶面改造部分 | | | | | 50709.83 | |
| 3 | 011302001002 | 吊顶天棚 | 矿棉板吊顶；全丝杆天棚吊筋$\phi$8mm $H$=500mm；装配式T形（不上人型）铝合金龙骨简单面层规格600mm×600mm简单；矿棉板天棚面层嵌入式（CH=2700） | $m^2$ | 403.58 | 125.65 | 50709.83 | |
| 分部分项清单合计 | | | | | | | 156539.34 | 57017.59 |
| 1 | 011703001001 | 垂直运输 | 单独装饰工程垂直运输，卷扬机垂直运输高度（层数）20m（6）以内 | 工日 | 1734.930 | 5.04 | 8744.5 | |
| 2 | 011701003001 | 里脚手架 | 抹灰脚手架高在3.60m内 | $m^2$ | 4522.56 | 0.43 | 1944.70 | |
| 单价措施项目合计 | | | | | | | 10688.75 | |
| 合计 | | | | | | | 167228.09 | 57017.59 |

工程量清单综合单价分析表是对综合单价编制过程的分析，评标时可以判断综合单价的合理性，详见表4-4～表4-6。

**工程量清单综合单价分析表**

表4-4

工程名称：××社区办公用房装饰工程　　标段：0001

| 项目编码 | 011102003001 | | | 项目名称 | 块料楼地面/20mml：3干硬性水泥砂浆；20mml：2干硬性水泥砂浆粘贴800×800灰色抛光砖；成品保护 | | | 计量单位 | $m^2$ | 工程量 | 465.83 |
|---|---|---|---|---|---|---|---|---|---|---|---|
| 清单综合单价组成明细 | | | | | | | | | | | |
| 定额编号 | 定额名称 | 定额单位 | 数量 | 单价 | | | | 合价 | | | |
| | | | | 人工费 | 材料费 | 机械费 | 管理费和利润 | 人工费 | 材料费 | 机械费 | 管理费和利润 |
| 18-75 | 保护工程部位石材、木地板面　地面 | $10m^2$ | 0.100000 | 5.68 | 10.73 | | 3.29 | 0.57 | 1.07 | | 0.33 |
| 13-82 | 楼地面单块$0.4m^2$以外地砖 干硬性水泥砂浆 | $10m^2$ | 0.100000 | 367.74 | 1396.74 | 9.51 | 218.81 | 36.77 | 139.67 | 0.95 | 21.88 |
| 综合人工工日 | | 小计 | | | | | | 37.34 | 140.74 | 0.95 | 22.21 |
| 153.26 | | 未计价材料费 | | | | | | | | | |
| 清单项目综合单价 | | | | | | | | 201.24 | | | |
| 材料费用明细 | 主要材料名称、规格、型号 | | | | | 单位 | 数量 | 单价（元） | 合价（元） | 暂估单价（元） | 暂估合价（元） |
| | 麻袋 | | | | | 条 | 0.250000 | 4.29 | 1.07 | | |
| | 合金钢切割锯片 | | | | | 片 | 0.002500 | 68.60 | 0.17 | | |
| | 水泥32.5级 | | | | | kg | 20.617600 | 0.36 | 7.42 | | |
| | 白水泥 | | | | | kg | 0.100000 | 0.59 | 0.06 | | |
| | 中砂 | | | | | t | 0.065084 | 135.52 | 8.82 | | |
| | 锯（木）屑 | | | | | $m^3$ | 0.006000 | 40.45 | 0.24 | | |
| | 800×800灰色抛光砖 | | | | | $m^2$ | 1.020000 | 120.00 | 122.40 | 120.00 | 122.40 |
| | 棉纱头 | | | | | kg | 0.010000 | 5.57 | 0.06 | | |
| | 其他材料费 | | | | | 元 | 0.500000 | 0.86 | 0.43 | | |
| | 水 | | | | | $m^3$ | 0.032580 | 5.34 | 0.17 | | |
| | 其他材料费 | | | | | | | — | 0.43 | — | |
| | 材料费小计 | | | | | | | — | 140.84 | — | 122.40 |

**工程量清单综合单价分析表**

表4-5

工程名称：××社区办公用房装饰工程　　标段：0001

| 项目编码 | 011302001002 | | | 项目名称 | 吊顶天棚\矿棉板吊顶；全丝杆天棚吊筋 $\phi$ 8mm $H=500$mm；装配式T形（不上人型）铝合金龙骨简单面层规格600mm × 600mm简单；矿棉板天棚面层 嵌入式（CH＝2700） | | | 计量单位 | m² | 工程量 | 403.58 |
|---|---|---|---|---|---|---|---|---|---|---|---|
| 清单综合单价组成明细 | | | | | | | | | | | |
| 定额编号 | 定额名称 | 定额单位 | 数量 | 单价 | | | | 合价 | | | |
| | | | | 人工费 | 材料费 | 机械费 | 管理费和利润 | 人工费 | 材料费 | 机械费 | 管理费和利润 |
| 15-39 | 全丝杆天棚吊筋 $H=1050$mm　8 | 10m² | 0.100000 | | 40.42 | 2.81 | 1.63 | | 4.04 | 0.28 | 0.16 |
| 15-58 | 矿棉板天棚面层 嵌入式 | 10m² | 0.100000 | 102.15 | 450.24 | | 59.24 | 10.22 | 45.02 | | 5.92 |
| 15-19 | 装配式T形（不上人型）铝合金龙骨简单面层规格600mm × 600mm简单 | 10m² | 0.100000 | 199.76 | 282.10 | 1.46 | 116.70 | 19.98 | 28.21 | 0.15 | 11.67 |
| 综合人工工日 | | 小计 | | | | | | 30.20 | 77.27 | 0.43 | 17.75 |
| 107.35 | | 未计价材料费 | | | | | | | | | |
| 清单项目综合单价 | | | | | | | | 125.65 | | | |
| 材料费用明细 | 主要材料名称、规格、型号 | | | | | 单位 | 数量 | 单价（元） | 合价（元） | 暂估单价（元） | 暂估合价（元） |
| | 胀头、胀管 | | | | | 套 | 1.326000 | 0.43 | 0.57 | | |
| | 镀锌丝杆 | | | | | kg | 0.550000 | 5.15 | 2.83 | | |
| | 双螺母双垫片 $\phi$ 8 | | | | | 副 | 1.326000 | 0.44 | 0.58 | | |
| | 其他材料费 | | | | | 元 | 0.539000 | 0.86 | 0.46 | | |
| | 矿棉板600 × 600 × 18 | | | | | m² | 1.050000 | 42.88 | 45.02 | | |
| | 角铝∟25 × 25 × 1 | | | | | m | 0.646000 | 5.15 | 3.33 | | |
| | 轻钢龙骨（大）50 × 15 × 1.2 | | | | | m | 1.337000 | 4.44 | 5.94 | | |
| | 大龙骨垂直吊件（轻钢）45 | | | | | 只 | 1.500000 | 0.43 | 0.65 | | |
| | 铝合金T形龙骨次接件 | | | | | 只 | 0.300000 | 0.64 | 0.19 | | |
| | 铝合金T形龙骨主接件 | | | | | 只 | 0.600000 | 0.94 | 0.56 | | |
| | 铝合金T形龙骨挂件 | | | | | 个 | 2.300000 | 0.51 | 1.17 | | |
| | 铝合金T形主龙骨 | | | | | m | 1.894000 | 4.72 | 8.94 | | |
| | 铝合金T形副龙骨 | | | | | m | 1.820000 | 3.86 | 7.03 | | |
| | 其他材料费 | | | | | | | — | 0.46 | — | |
| | 材料费小计 | | | | | | | — | 77.27 | — | |

表4-6

## 工程量清单综合单价分析表

工程名称：××社区办公用房装饰工程　　标段：0001

| | | | | | | | | | | | |
|---|---|---|---|---|---|---|---|---|---|---|---|
| 项目编码 | 011703001001 | | | 项目名称 | 垂直运输/单独装饰工程垂直运输，卷扬机垂直运输高度（层数）20m（6）以内 | | | 计量单位 | 工日 | 工程量 | 1734.93 |
| 清单综合单价组成明细 | | | | | | | | | | | |
| 定额编号 | 定额名称 | 定额单位 | 数量 | 单价 | | | | 合价 | | | |
| | | | | 人工费 | 材料费 | 机械费 | 管理费和利润 | 人工费 | 材料费 | 机械费 | 管理费和利润 |
| 23-30 | 单独装饰工程垂直运输，卷扬机 垂直运输高度（层数）20m（6）以内 | 10工日 | 0.100000 | | | 31.90 | 18.50 | | | 3.19 | 1.85 |
| 综合人工工日 | | 小计 | | | | | | | | 3.19 | 1.85 |
| | | 未计价材料费 | | | | | | | | | |
| 清单项目综合单价 | | | | | | | | 5.04 | | | |
| 材料费用明细 | 主要材料名称、规格、型号 | | | | | 单位 | 数量 | 单价（元） | 合价（元） | 暂估单价（元） | 暂估合价（元） |
| | 其他材料费 | | | | | | | — | | — | |
| | 材料费小计 | | | | | | | — | | — | |
| 项目编码 | 0111701003001 | | | 项目名称 | 里脚手架/抹灰脚手架 高在3.60m内 | | | 计量单位 | $m^2$ | 工程量 | 4522.56 |
| 清单综合单价组成明细 | | | | | | | | | | | |
| 定额编号 | 定额名称 | 定额单位 | 数量 | 单价 | | | | 合价 | | | |
| | | | | 人工费 | 材料费 | 机械费 | 管理费和利润 | 人工费 | 材料费 | 机械费 | 管理费和利润 |
| 20-23 | 抹灰脚手架高在3.60m内 | $10m^2$ | 0.100000 | 1.14 | 1.33 | 0.77 | 1.11 | 0.11 | 0.13 | 0.08 | 0.11 |
| 综合人工工日 | | 小计 | | | | | | 0.11 | 0.13 | 0.08 | 0.11 |
| 4.52 | | 未计价材料费 | | | | | | | | | |
| 清单项目综合单价 | | | | | | | | 0.43 | | | |
| 材料费用明细 | 主要材料名称、规格、型号 | | | | | 单位 | 数量 | 单价（元） | 合价（元） | 暂估单价（元） | 暂估合价（元） |
| | 工具式金属脚手架 | | | | | kg | 0.016700 | 4.08 | 0.07 | | |
| | 周转木材 | | | | | $m^3$ | 0.000040 | 1629.24 | 0.07 | | |
| | 其他材料费 | | | | | | | — | — | — | |
| | 材料费小计 | | | | | | | — | 0.14 | — | |

### 4.2.3 什么情况下应进行定额换算?

1.定额换算工作的原则

定额换算就是把定额中规定的内容与设计要求的内容调整到一致的换算过程。实质上就是根据定额的规定，对原项目的人、材、机进行调整，从而改变项目的预算价格，使它符合实际情况的过程。换算须具备的条件：

（1）必须是设计和施工图要求的内容与定额项目内容不符或缺项的。

（2）定额项目中所列的材料、使用机械的规格与施工图要求不符的。

（3）定额规定允许换算或定额管理部门同意换算的。

2.定额换算的方法有哪些?

（1）人工、机械换算：只对项目定额人工、机械进行换算，其他不变。

由于施工图设计的内容与定额规定的内容不尽相同，当两者出现不一致时，可以在定额规定的范围内进行人工、机械费用的调整，可以多关注定额的总说明、分部分项工程的说明和定额子目目录下的注或说明里面关于人工、机械调整的内容和系数。

（2）材料换算（定额计价换算）。

由于定额内的材料价是编制定额时的价格，定额发行后一般要执行很多年，这就导致材料价格的偏差，在投标的过程中必须要对材料进行价格的调整。

套定额时，在要套的定额的编号下找到需换算的主要材料，查出它的定额材料价和定额含量，一般换入的材料价格参考当地造价管理机构发布的信息价或参考市场价按下式计算：

定额基价+定额消耗量×换算材料的指导价－定额消耗量×定额材料价=换算后定额基价

注：按此式计算，材料分析后不需再进行主要材料调差。

## 4.3 措施项目费、其他项目费、规费、税金的编制方法

### 4.3.1 措施项目清单计价的编制

措施项目费是指为完成建设工程施工，发生于该工程施工前和施工过程中的技术、生活、安全、环境保护等方面的费用。

根据《建设工程工程量清单计价规范》GB 50500—2013的规定，措施项目费分为单价措施项目和总价措施项目。

由于各投标人拥有的施工设备、技术水平和采用的施工方法有所差异，因此投标人应根据自身编制的投标施工组织设计或施工方案确定措施项目。

一般措施项目编制的依据有：

（1）施工现场情况，地勘水文资料、工程特点。

（2）施工组织设计或施工方案。

（3）与建设工程有关的标准、技术资料。

（4）招标文件。

（5）建设工程设计文件及相关资料。

### 1.总价措施项目

总价措施项目是指在现行工程量清单计价规范中无工程量计算规则，以总价（或计算基础乘费率）计算的措施项目，可以“项”为单位的方式计价，应包括除规费、税金以外的全部费用。

（1）安全文明施工费。

建筑安装企业按照国家法律、法规等规定，在合同履行中为保证安全、文明、绿色施工，保护现场内外环境等所采取的措施发生的费用。

安全文明施工费应按照国家或省级、行业建设主管部门的规定费用标准计价，不得作为竞争性费用。招标人不得要求投标人对该项目费用进行优惠，投标人也不得将该费用参与市场竞争。

（2）夜间施工增加费。

因夜间施工所发生的夜班补助费、夜间施工降效、夜间施工照明设备摊销及照明用电等费用。

（3）二次搬运费。

因施工管理需要或场地狭小导致建筑材料、设备等不能一次搬运到位，必须发生二次或以上搬运所需的费用。

（4）总价措施费—冬雨期施工增加费。

在冬雨期施工期间所增加的费用。包括冬季作业、临时取暖、建筑物门窗洞口封闭及防雨措施、排水、工效降低、防冻等费用。

（5）地上、地下设施、建筑物的临时保护设施费。

在工程施工过程中，对已建成的地上、地下设施和建筑物进行的遮盖、封闭、隔离等必要保护措施所发生的费用。

（6）已完工程及设备保护费。

对已完工程及设备采取的覆盖、包裹、封闭、隔离等必要保护措施所发生的费用。

（7）总价措施费—临时设施费。

施工企业为进行工程施工所必需的生活和生产用的临时建筑物、构筑物和其他临时设施的搭设、使用、拆除等费用。

（8）赶工措施费。

施工合同工期比现行工期定额提前，施工企业为缩短工期所发生的费用，如施工过程中发包人要求实际工期比合同工期提前时，由发承包双方另行约定。

（9）工程按质论价。

施工合同约定质量标准超过国家规定，施工企业完成工程质量达到经有关部门鉴定或评定为优质工程所必须增加的施工成本费。

（10）特殊条件下施工增加费。

地下不明障碍物，铁路、航空、航运等交通干扰而发生的施工降效费用。

### 2.单价措施项目

单价措施项目是指在现行工程量清单计价规范中有对应的工程量计算规则，可以计算工程量的措施项目宜采用分部分项工程量清单方式采用综合单价计价。如建筑与装饰工程的脚手架工程、混凝土模板及支架（撑）、垂直运输、超高施工增加、大型机械设备进出场及安拆、施工排水、降水。总价措施项目清单与计价表的编制详见表4-7。

**总价措施项目清单与计价表** **表4-7**

工程名称：××社区办公用房装饰工程　　标段：0001

| 序号 | 项目编码 | 项目名称 | 计算基础 | 费率 | 金额（元） | 备注 |
|---|---|---|---|---|---|---|
| 1 | 011707001001 | 现场安全文明施工 | | | 2842.88 | |
| 1.1 | | 基本费 | 分部分项项目费＋单价措施项目费－工程设备费 | 1.7 | 2842.88 | |
| 1.2 | | 省级标化增加费 | 分部分项项目费＋单价措施项目费－工程设备费 | | | |
| 2 | 011707002001 | 夜间施工 | 分部分项项目费＋单价措施项目费－工程设备费 | 0.08 | 133.78 | |
| 3 | 011707003001 | 非夜间施工照明 | 分部分项项目费＋单价措施项目费－工程设备费 | | | |
| 4 | 011707005001 | 冬雨期施工 | 分部分项项目费＋单价措施项目费－工程设备费 | 0.09 | 150.51 | |
| 5 | 011707007001 | 已完工程及设备保护 | 分部分项项目费＋单价措施项目费－工程设备费 | 0.1 | 167.23 | |
| 6 | 011707008001 | 临时设施 | 分部分项项目费＋单价措施项目费－工程设备费 | 1.2 | 2006.74 | |
| 7 | 011707009001 | 赶工措施 | 分部分项项目费＋单价措施项目费－工程设备费 | | | |
| 8 | 011707010001 | 按质论价 | 分部分项项目费＋单价措施项目费－工程设备费 | | | |
| 9 | 011707011001 | 住宅分户验收 | 分部分项项目费＋单价措施项目费－工程设备费 | | | |
| 合计 | | | | | 5301.14 | |

## 4.3.2　其他项目费

其他项目费主要包括暂列金额、暂估价、计日工以及总承包服务费，组成见表4-8。

**其他项目清单与计价汇总表**　　**表4-8**

工程名称：××社区办公用房装饰工程　　标段：0001

| 序号 | 项目名称 | 金额（元） | 结算金额（元） | 备注 |
|---|---|---|---|---|
| 1 | 暂列金额 | 40000.00 | | |
| 2 | 暂估价 | 80000.00 | | |
| 2.1 | 材料暂估价 | — | — | |
| 2.2 | 专业工程暂估价 | 80000.00 | | |
| 3 | 计日工 | 13020.00 | | |
| 4 | 总承包服务费 | 1200.00 | | |
| 6 | | | | |
| 合计 | | 134220.00 | | |

1.计日工单价的报价

计日工是指在施工过程中，施工企业完成建设单位提出的施工图纸以外的零星项目或工作所需的费用。

投标报价时计日工应按招标工程量清单中列出的项目和数量，自主确定综合单价并计算计日工总额。

如果是单纯的计日工单价，不计入总价，可以报高一些，以便在招标人额外用工或使用施工机械时可以多盈利。但如果计日工单价要计入总报价时，则需要具体分析是否报高价，以免抬高总价。计日工详见表4-9。

**计日工表**　　**表4-9**

工程名称：××社区办公用房装饰工程　　标段：0001

| 序号 | 项目名称 | 单位 | 暂定数量 | 实际数量 | 综合单价 | 合价（元） | |
|---|---|---|---|---|---|---|---|
| | | | | | | 暂定 | 实际 |
| 一 | 人工 | | | | | | |
| 1 | 计日工 | 工日 | 30.00 | | 125.00 | 3750.00 | |
| 人工小计 | | | | | | 3750.00 | |
| | | | | | | | |
| 二 | 材料 | | | | | | |
| 1 | 600×600抛光砖 | | 50.00 | | 180.00 | 9000.00 | |
| 材料小计 | | | | | | 9000.00 | |

续表

| 序号 | 项目名称 | 单位 | 暂定数量 | 实际数量 | 综合单价 | 合价（元） | |
|---|---|---|---|---|---|---|---|
| | | | | | | 暂定 | 实际 |
| 三 | 机械 | | | | | | |
| 1 | 灰浆搅拌机 拌筒容量200L | | 2.00 | | 135.00 | 270.00 | |
| 机械小计 | | | | | | 270.00 | |
| 四、企业管理费和利润 | | | | | | | |
| 总计 | | | | | | 13020.00 | |

### 2.暂列金额的报价

暂列金额是建设单位在工程量清单中暂定并包括在工程合同价款中的一笔款项。用于施工合同签订时尚未确定或者不可预见的所需材料、工程设备、服务的采购，施工中可能发生的工程变更、合同约定调整因素出现时的工程价款调整以及所发生的索赔、现场签证确认等的费用。

投标时暂列金额应按招标工程量清单中列出的金额填写，不得变动。

施工过程中由建设单位掌握使用，扣除合同价款调整后如有余额，归建设单位。暂列金额明细表详见表4-10。

**暂列金额明细表** **表4-10**

工程名称：××社区办公用房装饰工程　　标段：0001

| 序号 | 项目名称 | 计量单位 | 暂定金额（元） | 备注 |
|---|---|---|---|---|
| 1 | 设计变更 | | 15000.00 | |
| 2 | 户外雨篷 | | 25000.00 | |
| 合计 | | | 40000.00 | |

### 3.暂估价

暂估价是建设单位在工程量清单中提供的用于支付必然发生但暂时不能确定价格的材料的单价以及专业工程的金额，包括材料暂估价和专业工程暂估价。材料暂估价在清单综合单价中考虑，不计入暂估价汇总。

投标时暂估价不得变动和更改。暂估价中的材料、工程设备必须按照暂估单价计入综合单价；专业工程暂估价必须按照招标工程量清单中列出的金额填写。

有两种情况需要注意：

（1）招标人规定了暂定金额的分项内容和暂定总价款，允许将来按投标人所报单价和实际完成工程量付款，这时应对暂定金额的单价适当提高。

（2）招标人列出暂定金额的项目和数量，但没有限定总价款，要求投标人列出单价和总价，可采用正常报价；如果估计今后实际工程量肯定会增大，则可适当提高单价，使将来可增加额外收益。材料（工程设备）暂估单价及调整表详见表4-11，专业工程暂估价及结算价表详见表4-12。

**材料（工程设备）暂估单价及调整表**　　**表4-11**

工程名称：××社区办公用房装饰工程　　标段：0001

| 序号 | 材料名称 | 单位 | 数量 | | 单价（元） | | 合价（元） | | 差额（元） | | 备注 |
|---|---|---|---|---|---|---|---|---|---|---|---|
| | | | 暂估 | 确认 | 暂估 | 确认 | 暂估 | 确认 | 单价 | 合价 | |
| 1 | 800×800灰色抛光砖 | $m^2$ | 475.12 | | 120.00 | | 57018.00 | | | | |
| 合计 | | | | | | | 57018.00 | | | | |

**专业工程暂估价及结算价表**　　**表4-12**

工程名称：××社区办公用房装饰工程　　标段：0001

| 序号 | 工程名称 | 工程内容 | 暂估金额（元） | 结算金额（元） | 差额（元） | 备注 |
|---|---|---|---|---|---|---|
| 1 | 专业暂估价 | 施工图纸中标明的各系统的设备安装和调试工作 | 80000.00 | | | |
| 合计 | | | 80000.00 | | | |

4.总承包服务费

总承包服务费是指总承包人为配合、协调建设单位进行的专业工程发包，对建设单位自行采购的材料、工程设备等进行保管以及施工现场管理、竣工资料汇总整理等服务所需的费用。

投标时总承包服务费应根据招标工程量列出的专业工程暂估价内容和供应材料、设备情况，按照招标人提出协调、配合与服务要求结合施工现场管理需要自主确定。总承包服务费计价表详见表4-13。

**总承包服务费计价表**　　**表4-13**

工程名称：××社区办公用房装饰工程　　标段：0001

| 序号 | 工程名称 | 项目价值（元） | 服务内容 | 计算基础 | 费率（%） | 金额（元） |
|---|---|---|---|---|---|---|
| 1 | 总承包服务费 | 80000.00 | 提供施工工作面，对施工现场统筹协调管理，对竣工资料统一整理汇总 | 80000.00 | 1.50 | 1200.00 |
| 合计 | | | | | | 1200.00 |

## 4.3.3　规费、税金的计取

规费、税金的计取标准是依据有关法律、法规和政策规定制定的，具有强制性，在投标时必须按照国家或省级、行业建设主管部门的有关规定计取。规费、税金项目清单与计价表详见表4-14。

**规费、税金项目清单与计价表** 表4-14

工程名称：××社区办公用房装饰工程 标段：0001

| 序号 | 项目名称 | 计算基础 | 计算基数 | 费率（%） | 金额（元） |
|---|---|---|---|---|---|
| 1 | 规费合计 | 社会保险费＋住房公积金＋工程排污费 | | 100 | 8957.08 |
| 1.1 | 社会保险费 | 分部分项工程量清单计价合价＋措施项目清单计价合价＋其他项目清单计价合价－除税工程设备费 | | 2.4 | 7361.98 |
| 1.2 | 住房公积金 | 分部分项工程量清单计价合价＋措施项目清单计价合价＋其他项目清单计价合价－除税工程设备费 | | 0.42 | 1288.35 |
| 1.3 | 工程排污费 | 分部分项工程量清单计价合价＋措施项目清单计价合价＋其他项目清单计价合价－除税工程设备费 | | 0.1 | 306.75 |
| 2 | 税金 | 分部分项工程量清单计价合价＋措施项目清单计价合价＋其他项目清单计价合价＋规费合计－除税甲供材料和甲供设备费/1.01 | | 9 | 28413.57 |
| 合计 | | | | | 37370.65 |

# 4.4 投标报价汇总

投标总价由分部分项工程费、措施项目费、其他项目费和规费、税金组成。

分项工程的清单工程量与其相应的综合单价相乘，其乘积就是各分项工程所需的全部费用，累计汇总就得出各单位工程全部的分部分项工程费，再考虑措施项目费、其他项目费和规费、税金的费用层层汇总，分别得出单项工程投标报价汇总表和工程项目投标总价汇总表，即可汇总形成工程量清单的总报价。

## 4.4.1 单位工程投标报价汇总表

单位工程投标报价汇总表详见表4-15。

**单位工程投标报价汇总表** 表4-15

工程名称：××社区办公用房装饰工程 标段：0001

| 序号 | 汇总内容 | 金额（元） | 暂估价 |
|---|---|---|---|
| 1 | 分部分项工程 | 156539.34 | 57017.59 |
| 1.1 | 人工费 | 33703.58 | — |
| 1.2 | 材料费 | 102219.99 | — |
| 1.3 | 施工机具使用费 | 679.14 | — |
| 1.4 | 企业管理费 | 14777.83 | — |
| 1.5 | 利润 | 5158.80 | — |

续表

| 序号 | 汇总内容 | 金额（元） | 暂估价 |
|---|---|---|---|
| 2 | 措施项目 | 15989.89 | — |
| 2.1 | 单价措施项目费 | 10688.75 | — |
| 2.2 | 总价措施项目费 | 5301.14 | — |
| 2.2.1 | 安全文明施工费 | 2842.88 | — |
| 3 | 其他项目 | 134220.00 | — |
| 3.1 | 其中：暂列金额 | 40000.00 | — |
| 3.2 | 其中：专业工程暂估价 | 80000.00 | — |
| 3.3 | 其中：计工日 | 13020.00 | — |
| 3.4 | 其中：总承包服务费 | 1200.00 | — |
| 4 | 规费合计（规费） | 8957.08 | — |
| 5 | 税金（税金） | 28413.57 | — |
| 总价合计=[1]+[2]+[3]+[4]+[5]-除税甲供材料和甲供设备费/1.01 | | 344119.88 | — |

### 4.4.2　工程项目投标报价汇总表

工程项目投标报价汇总表详见表4-16。

**工程项目投标报价汇总表**　　**表4-16**

工程名称：××社区办公用房装饰工程

| 序号 | 单项工程名称 | 金额（元） | 其中 | | |
|---|---|---|---|---|---|
| | | | 暂估价（元） | 安全文明施工费（元） | 规费（元） |
| 1 | ××社区办公用房装饰工程 | 344119.88 | 137017.59 | 2842.88 | 8957.08 |
| 1.1 | ××社区办公用房装饰工程 | 344119.88 | 137017.59 | 2842.88 | 8957.08 |
| 合计 | | 344119.88 | 137017.59 | 2842.88 | 8957.08 |

### 4.4.3　投标总价

投标总价封面见图4-2。

投标人要反复校核工程量清单中的单价和合价，尽量避免不必要的算术错误和遗漏需要报价的工程项目。同时投标人要对报价进行综合分析和纵横向比较，如果发现这些经验参数值与以往工程存在较大差别时，要分清是什么原因造成的：如果是计算错误，要及时修正；如果是该投标工程的特殊性造成的，也可以积累资料，为今后的投标报价提供帮助。在很多招标文件评标办法中，评标人员会将投标人的投标报价与所有投标人报价的平均价或者标底进行比较，如果偏离较大，可能会影响投标人的综合得分，甚至使投标人失去中标机会。

**投 标 总 价**

招　　标　　人：＿＿＿＿＿＿＿＿

工　程　名　称：××社区办公用房

投标总价（小写）：344119.88

（大写）：叁拾肆万肆仟壹佰壹拾玖元捌角捌分

投　　标　　人：＿＿＿＿＿＿＿＿

（单位盖章）

法定　代表人

或其　授权人：＿＿＿＿＿＿＿＿

（签字或盖章）

编　　制　　人：＿＿＿＿＿＿＿＿

（造价人员签字盖专用章）

时　　　　间：2020-11-01

**图4-2　投标报价封面**

招标工程量清单与计价表中列明的所有需要填写的单价和合价的项目，投标人均应填写且只允许有一个报价。未填写单价和合价的项目，视为此项费用已包含在已标价工程量清单中其他项目的单价和合价之中。竣工结算时，此项目不得重新组价予以调整。

一个较为合理的投标报价，不仅取决于编制人员的丰富经验和科学的计算方法，更重要的是从投标人自身的组织管理、采购管理、施工技能出发，投标人只有不断提高自身的管理水平和施工能力，才能使投标报价更具有竞争力，取得更多的中标机会。

## 4.5　人工费、机械费报价方法和策略

建设工程人工费、材料费、机械费报价技巧

### 4.5.1　人工费、施工机械使用费包含的内容

1.人工费

人工费是指支付给直接从事建筑安装工程施工作业的生产工人的各项费用。

人工费=工日消耗量×人工日工资单价。

人工日工资单价是指施工企业平均技术熟练程度的生产工人在每工作日（国家法定工作时间内）按规定从事施工作业应得的日工资总额。

人工日工资单价的指导价，一般工程造价管理机构会在指定的媒体和渠道发布。对投标人来说，合理确定人工工日单价是正确计算人工费和投标报价的基础。

各地工程造价管理机构会结合市场行情定期发布指导价，表4-17为江苏省2020年9月发布的建设工程人工工资指导价。

**表4-17**

**江苏省建设工程人工工资指导价**

单位：元/工日

| 序号 | 地区 | 工种 | | 建筑工程 | 装饰工程 | 安装、市政工程 | 修缮加固工程 | 城市轨道交通工程 | 古建园林工程 | | | 机械台班 | 点工 |
|---|---|---|---|---|---|---|---|---|---|---|---|---|---|
| | | | | | | | | | 第一册 | 第二册 | 第三册 | | |
| 1 | 苏州市 | 包工包料工程 | 一类工 | 115 | 115～150 | 105 | 102 | 111 | 99 | 113 | 96 | 109 | 125 |
| | | | 二类工 | 111 | | 99 | | | | | | | |
| | | | 三类工 | 102 | | 94 | | | | | | | |
| | | 包工不包料工程 | | 146 | 150～181 | 133 | 139 | 146 | 136 | 147 | 136 | | |
| 2 | 南京市<br>无锡市<br>常州市 | 包工包料工程 | 一类工 | 113 | 113～147 | 102 | 101 | 109 | 98 | 112 | 95 | 109 | 124 |
| | | | 二类工 | 109 | | 98 | | | | | | | |
| | | | 三类工 | 101 | | 93 | | | | | | | |
| | | 包工不包料工程 | | 144 | 147～177 | 130 | 138 | 144 | 134 | 146 | 134 | | |
| 3 | 扬州市<br>泰州市<br>南通市<br>镇江市 | 包工包料工程 | 一类工 | 112 | 112～146 | 102 | 101 | 108 | 97 | 111 | 94 | 109 | 123 |
| | | | 二类工 | 108 | | 97 | | | | | | | |
| | | | 三类工 | 101 | | 93 | | | | | | | |
| | | 包工不包料工程 | | 144 | 146～176 | 129 | 136 | 144 | 132 | 145 | 132 | | |
| 4 | 徐州市<br>连云港市<br>淮安市<br>盐城市<br>宿迁市 | 包工包料工程 | 一类工 | 112 | 111～145 | 101 | 99 | 107 | 97 | 111 | 93 | 109 | 120 |
| | | | 二类工 | 107 | | 97 | | | | | | | |
| | | | 三类工 | 99 | | 91 | | | | | | | |
| | | 包工不包料工程 | | 143 | 145～175 | 129 | 134 | 143 | 131 | 144 | 132 | | |

2.施工机械使用费

施工机械使用费是指施工作业所发生的施工机械、仪器仪表使用费或其租赁费。

施工机械使用费=机械台班数量×机械台班单价。

施工机械台班耗用量按照有关定额规定计算。

施工机械台班单价是指一台施工机械，在正常运转条件下一个工作班中所发生的全部费用，每台班按8小时工作制计算。

机械台班单价=折旧费+检修费+维护费+安拆费及场外运费、人工费、燃料动力费和其他费用。

### 4.5.2　人工费、机械报价的方法和策略

1.人工费报价的方法

投标报价时结合企业的实际情况与当地工程造价管理机构发布的建设工程人工工资指导价，确定投标人工日工资单价。例如实际操作中，有些投标人在装饰工程中会取人工工资指导价的平均价。以江苏省2020年9月发布的建设工程人工工资指导价为例，苏州市装饰工程人工日工资单价上限为150元，下限为115元，一般投标人的投标人工日工资单价为：（150+115）/2=132.5元，也可以结合投标人自身实际情况进行让利。不过有些省市为了防止投标人降低人工费报价，中标后引起农民工工资纠纷，会有投标人工费总价与标底人工费总价下浮率比较，如果下浮率过大则有可能被扣分或被废标。

2.人工费报价的策略

根据招标文件中的评标办法以及评分量化的因素，在投标总价不变的情况下，可以调整人工、材料、机械的报价，提高中标率，给投标单位带来更多的效益。

（1）评标办法中以投标总价作为评分量化的因素，则可以提高人工单价和机械台班单价，相应降低材料单价计算投标报价，不影响评标结果；人工单价和机械台班单价提高，可以给签证、索赔项目、计日工使用。

（2）评标办法中以综合单价作为评分量化的因素，则采取提高人工单价和机械台班单价，相应降低材料单价，从而降低综合单价，降低经评审的最低报价或提高综合评分。人工单价和机械台班单价提高，可以给签证、索赔项目、计日工使用。

（3）评标办法中以材料费作为评分量化的因素，采取提高人工单价和机械台班单价，相应降低材料费，从而降低经评审的最低报价或提高综合评分。人工单价和机械台班单价提高，可以给签证、索赔项目、计日工使用。

（4）评标办法中以人工费作为评分量化的因素，则采取提高材料单价，相应降低人工费，从而降低经评审的最低报价或提高综合评分。

（5）结合实际情况，认真研究工程施工图纸，评估可能增减的工程量清单项目。如果工程量清单项目增加的可能性大，则采取提高人工单价和机械台班单价方法。《建设工程工程量清单计价规范》GB 50500—2013规定因工程变更引起已标价工程量清单项目或其工程数量发生变化，已标价工程量清单中有适用的采用该项目单价，或有类似于变更工程项目的可以参照。已标价工程量清单中没有适用也没有类似于变更工程项目，且工程造价管理机构发布的信息价格缺价的，由承包人根据变更工程资料、计量规则、计价办法和通过市场调查等取得有合法依据的市场价格提出变更工程项目的单价，报发包人确认后调整。

一般人工单价和机械台班单价会取原合同中的人工、机械台班单价，因此，人工、机械台班单价高，则分部分项综合单价高，从而工程造价也相对更高，承包人可以获得较好的经济效益。

（6）根据工期长短、工程所在地的经济增长速度、最新调价文件的发布时间，调整人工、材料、机械台班的投标报价。工期如果较长，可能会在施工期间发布新的人工工日单价和机械台班单价的调整文件。经济增长速度快，生活消费指数增长快，造价管理部门发布人工工日单价和机减台班单价调整文件的速度也相对频繁一些。

### 4.5.3　人工费成本控制

人工费成本控制主要包括施工企业内部劳务费用和外包专业劳务费用两方面。

施工企业内部劳务费用的控制可以通过加强合同管理和企业自身施工定额水平；合理编制施工方案和施工工艺，减少和避免无效劳动；根据施工图纸、工程量清单、施工进度计划，合理安排劳务用工数量，保证各项工序流水作业的顺利搭接，提高劳动生产效率。

外包专业劳务费用控制要结合以往工程合作情况，选取长期合作且劳务实力强、性价比高、信誉良好的专业劳务公司，优先建立施工企业内部劳务施工队伍库，通过比选选择专业劳务公司承揽劳务作业任务；加强管理人员的劳务合同交底与学习，在施工过程中严格按照合同条款对劳务队伍在安全、质量、进度等方面进行管理。

建设工程施工周期一般较长，在施工期间人工单价受市场变化及相关政策调整的影响较大，施工企业应该密切关注国家及工程所在地政府机构颁布的有关人工费调整的文件，及时向建设单位申请调整增加人工费。

# 4.6 材料费报价方法和策略

## 4.6.1 材料费包含的内容

材料费包括施工过程中消耗的各种原材料、半成品、构配件、工程设备等的费用，以及周转材料等的摊销费、租赁费用，材料费计算详见图4-3。

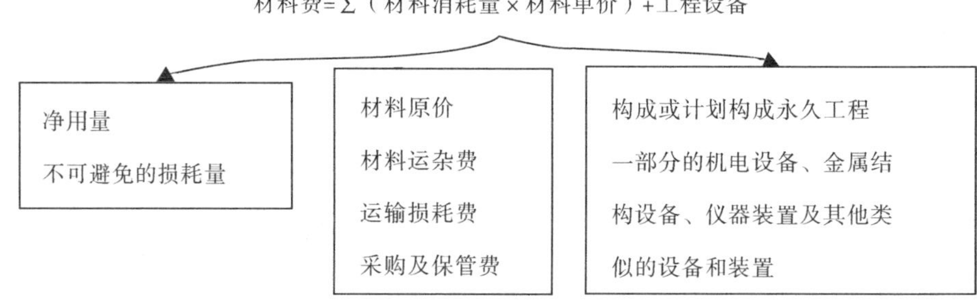


图4-3 材料费的组成

## 4.6.2 材料费报价的方法和策略

（1）评标办法中以材料费作为评分量化的因素，采取提高人工单价和机械台班单价，相应降低材料费，从而降低经评审的最低报价或提高综合评分。人工单价和机械台班单价提高可以给签证、索赔项目、计日工使用。

（2）评标办法中以人工费作为评分量化的因素则采取提高材料单价，相应降低人工费，从而降低经评审的最低报价或提高综合评分。

（3）结合实际情况，认真研究工程施工图纸，评估可能增减工程量的清单项目。如果工程量清单项目增加的可能性大，投标人将会提高投标报价，获得更高的利润空间；反之投标人将会降低投标报价，在结算时减少的金额将会较小。

（4）工程项目特征描述与图纸不一致，对以后要按图纸实施调整的项目，投标人可适当降低材料价格，在实施过程中项目综合单价调整金额较高，进行高价索赔。

## 4.6.3 材料费的控制

在建筑工程中，材料费约占总造价的60%～70%，材料费计算中如何确定材料的价格是非常关键的。为使投标报价准确可行，且测算最低材料成本，要认真搜集材料价格，多渠道询价，结合采购管理经验严格控制材料消耗量，为投标报价提供准确的依据。

1.多渠道询价

对于大宗材料如商品混凝土、钢筋、水泥的价格，不仅要看眼前的价格，还要关注材料的走势，比如经常研究国家相关政策、大环境走向、咨询长期合作的材料供应商，他们对市场价格比较敏感且消息灵通，可以帮助我们提前预判材料价格走势。

对于普通材料和特殊材料要进行多渠道全方位的询价，需要询价人员开动脑筋，运用各种技巧，用合适的价格找到理想的材料。

首先要根据项目要求找到适合本项目的材料，要了解所询材料的技术指标、规格型号、使用范围、施工工艺要求、供货量大小等，为询价工作做好充分的准备，做到心中有数。

其次为了保证询到的价格具有竞争性，应将询价材料发给三家以上的不同渠道的供应商，询价时应提出所询价格的规格型号、技术参数、供货量、供货周期、付款方式等信息，有利于询到真实准确的价格。还可以在淘宝、京东、广联达新干线等网络渠道询价，关注市场信息价，建立多渠道的比价体系。

在工作中经常遇到供应商不配合、询不到真实材料价格的情况，这时询价人员不妨自报家门，将自己的联系方式告诉对方，主动获取对方的信任。抓住供应商都想做生意的心理，把工程项目情况简要说明，提高自己询价的真实性而不是恶意询价，也提高对方的兴趣，为自己询到准确的价格打下基础。

投标人要建立企业内部的材料价格信息库，掌握材料市场变化的动态规律，原则上确保自己的采购价格不超过当地的信息价，为投标工作做好有力支撑。

2.材料消耗量的控制

投标人在长期的工作中应建立自己的材料消耗量定额，严格控制材料消耗量，采购前编制材料采购用量计划，采购全过程控制建立限额领料制度，制定科学合理的施工工艺，降低材料损耗率。

根据工程量清单、施工组织设计、施工图纸、消耗量定额等资料编制合理的材料采购用量计划，在施工过程中严格按照计划采购，严把数量关，一旦发现偏离，立即预警，及时纠偏。

在采购过程控制环节，材料的采购、运输、收发、保管等方面的工作减少各个环节的损耗，合理堆放材料，节约采购费用，杜绝浪费材料。

建立限额领料制度，有效控制材料消耗，降低材料浪费，明确节约材料和超支领用的责任，合理组织材料的供应。制定科学合理的施工工艺流程和施工工序，降低因为施工工艺不合理而导致的材料浪费，加强对工人技术水平的管理，做到“工完料净”。

# 4.7 生成投标报价注意事项

## 4.7.1 投标报价编制的基本原则

投标报价中可以自主确定的内容为：定额消耗量、人材机单价、企业管理费率、利润率、风险费用、措施费用、计日工单价、总承包管理费等，这部分内容是可竞争的，可以结合企业实际情况给出有市场竞争力的报价。

投标报价中不能自主确定的内容为：安全文明施工费、规费、税金、暂列金额、暂估价、分部分项工程量、计日工量，这部分内容是不可竞争的，要严格按照招标文件的要求报价，避免出现废标。

## 4.7.2 投标报价编制的关键点

（1）投标人应按招标人提供的工程量清单填报价格。填写的项目编码、项目名称、项目特征、计量单位、工程量必须与招标人提供的一致【强制性规定】。

（2）措施项目的内容应依据招标人提供的措施项目清单和投标人投标时拟定的施工组织设计或施工方案确定；投标人可以根据工程实际情况结合施工组织设计，对招标人所列的措施项目进行增补。

（3）分部分项工程费报价的最重要依据之一是该项目的特征描述，投标人应依据招标文件中分部分项工程量清单项目的特征描述确定清单项目的综合单价。当出现招标文件中分部分项工程量清单项目的特征描述与设计图纸不符时，应以工程量清单项目的特征描述为准；当施工中施工图纸或设计变更与工程量清单项目的特征描述不一致时，发承包双方应按实际施工的项目特征，依据合同约定重新确定综合单价。

（4）投标人在自主确定投标报价时，还应考虑招标文件中要求投标人承担的风险内容及其范围（幅度）以及相应的风险费用。在施工过程中，当出现的风险内容及其范围（幅度）在招标文件规定的范围内时，综合单价不得变更，工程价款不作调整。

（5）投标总价应当与工程量清单构成的分部分项工程费、措施项目费、其他项目费和规费、税金的合计金额一致。

## 4.7.3 清单计价下投标人注意事项

1.技术方案直接影响措施费报价

清单计价模式下投标人之间措施费用的竞争也极为重要，投标人可通过采用先进施工技术，优化施工方案，在措施费的报价上进行充分竞争而取胜。制定施工方案时应注意的问题为：

（1）制定施工方案时应采用有效的、先进的施工技术提高效率，同时还要针对招标项目施工中的重点和难点提出特殊的施工方案，做到在技术和工期上对招标单位有吸引力。

（2）参与编制施工方案（技术标）、商务标的人员要相互兼顾，即技术人员在编制施工方案时要有造价及成本意识，而商务报价人员编制报价时要对所采用的施工方案进行技术经济评审和比选，以便合理准确地报价，增强投标报价的竞争力。

### 2.中标后清单项目遗漏问题的处理

投标报价时留给投标人的时间非常有限，所以经常发生中标后又发现清单存在漏项的情况，这时对于是否属于清单漏项，可能成为发承包方争议的焦点。对此问题，投标人应分不同的情况处理：

（1）若施工图表达的工程内容，在《建设工程工程量清单计价规范》GB 50500—2013某个附录中有相应的“项目编码”和“项目名称”，但清单并没有反映出来，则应当属于清单漏项；

（2）若施工图表达的工程内容，虽然在《建设工程工程量清单计价规范》GB 50500—2013附录及清单中均没有反映，理应由清单编制者进行补充的清单项目，也属于清单漏项；

（3）若施工图表达的工程内容，虽然在《建设工程工程量清单计价规范》GB 50500—2013附录的“项目名称”中没有反映，但在本清单项目已经列出的某个“项目特征”中有所反映，则不属于清单漏项，而应当作为主体项目的附属项目，并入综合单价计价。

### 3.投标人员在投标报价过程中要做好备忘录并做好交底

（1）投标人员在投标报价过程中要做好备忘录，将清单错项、漏项、清单特征描述不完善等问题和不平衡报价等报价情况以及合同谈判时的要点记录在案，为将来施工中的变更、签证、索赔、价款调整和结算打下坚实的基础。

（2）投标人员要将投标报价过程中做好的备忘录及相关情况向项目管理部移交，并做好投标和合同交底，使项目管理人员充分掌握可能的机会，及时提出相关增收举措。

## 4.8　电子投标系统标书制作

目前各地都已大面积推广使用电子标，电子标不但可以规范招投标的流程，而且站在投标人的角度可以减轻工作量，提高工作效率，降低整体运营成本。这里以江苏省国泰新点软件的投标系统为例，解析电子标编制及操作过程，详见图4-4～图4-14。

（1）新建项目。

打开新点投标制作软件，点击【新建投标】。

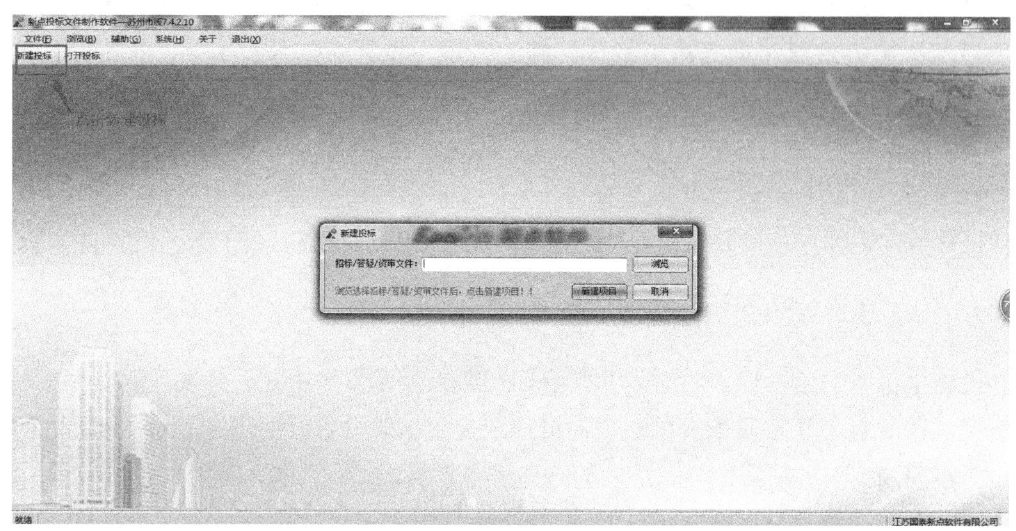


图4-4　新建项目

（2）导入需要投标项目的招标文件或答疑文件。

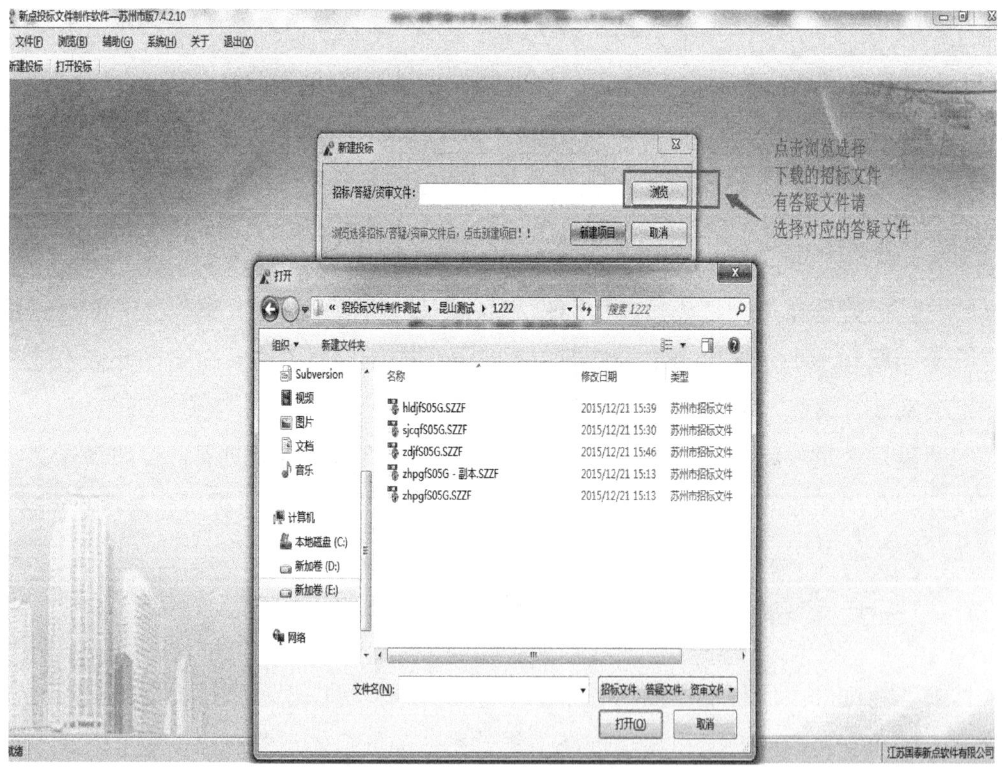


图4-5　导入招标文件或答疑文件

（3）选择保存路径，完成项目新建。

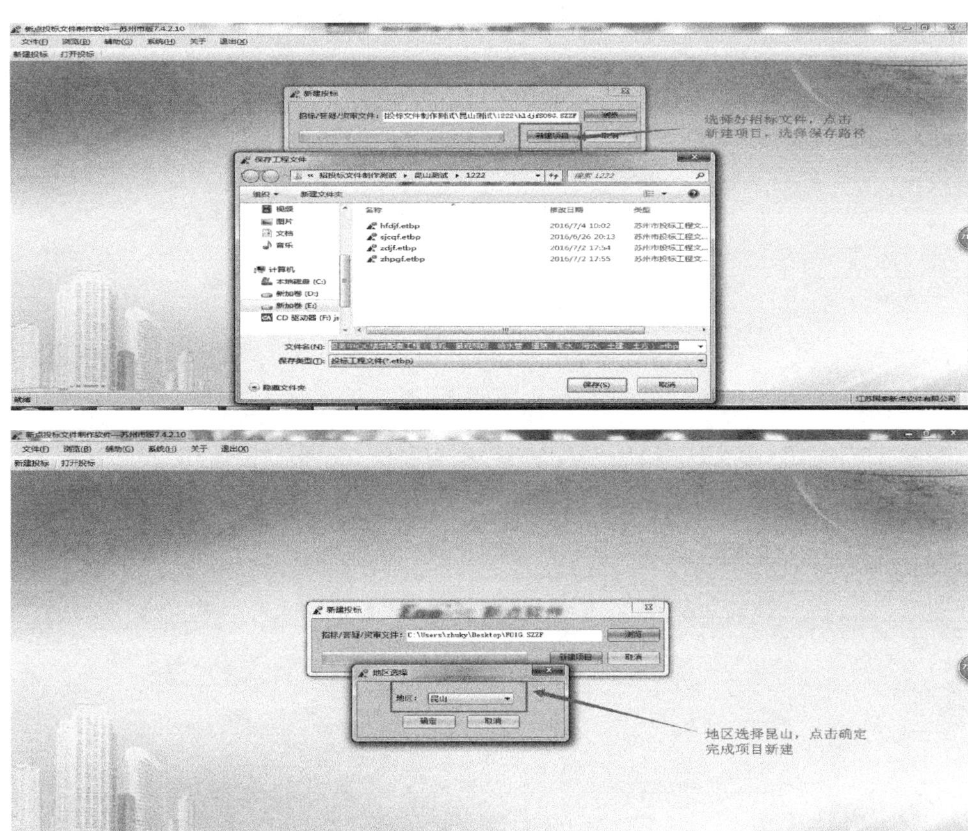


图4-6　选择保存路径，完成项目新建

（4）查看招标文件信息。

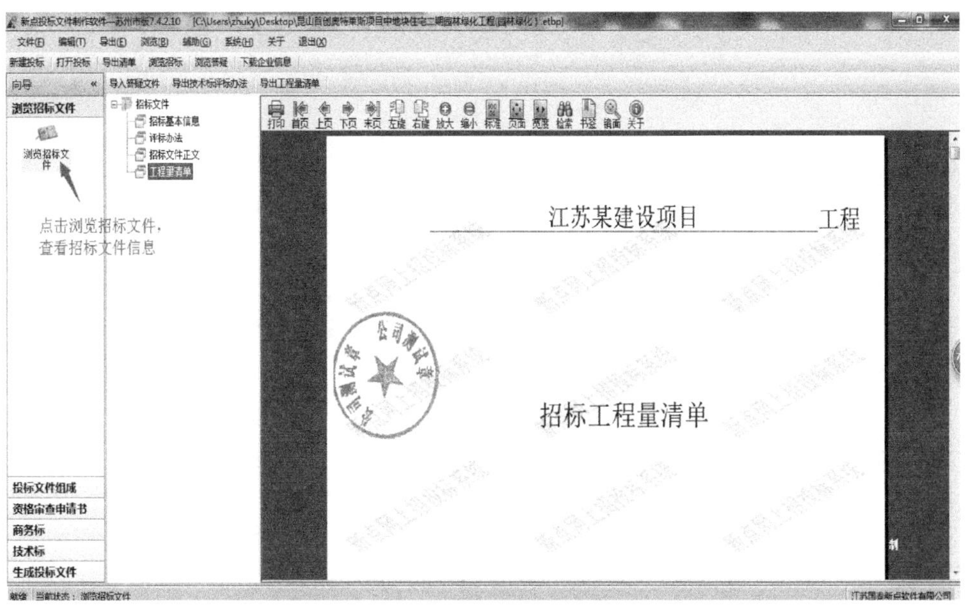


图4-7　查看招标文件信息

（5）按照招标文件要求填写相关资料。

根据招标文件的要求填写投标文件信息，切记不要修改招标文件内容。

图4-8 填写投标文件资料

（6）商务标文件导入，生成投标总价文件。

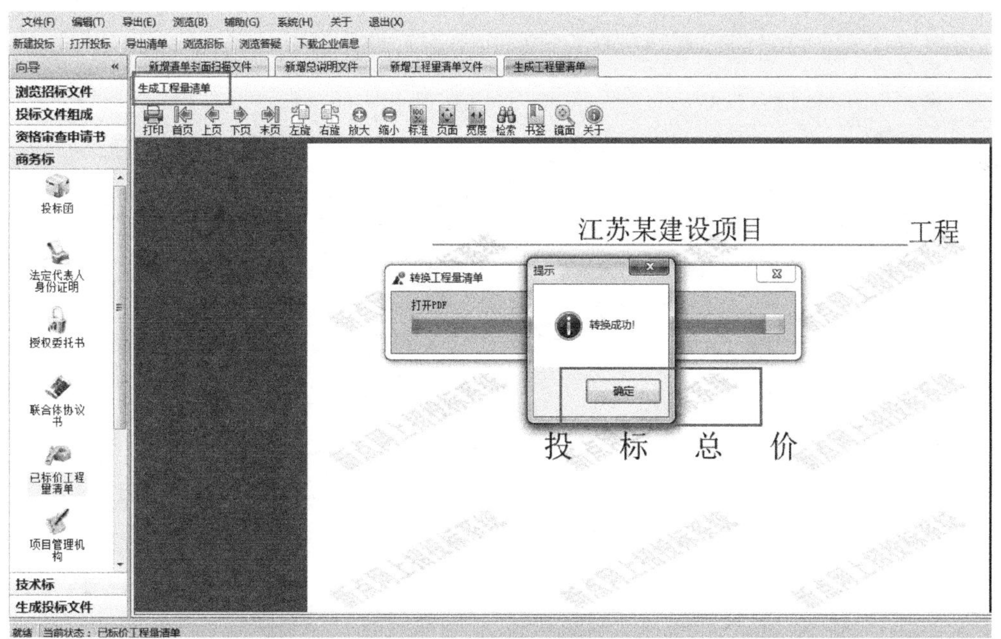


图4-9　商务标文件导入，生成投标总价文件

（7）技术标文件导入，按照招标文件要求做好施工组织设计文件并导入软件中，并且要与软件内已有的施工组织设计模块一一对应。

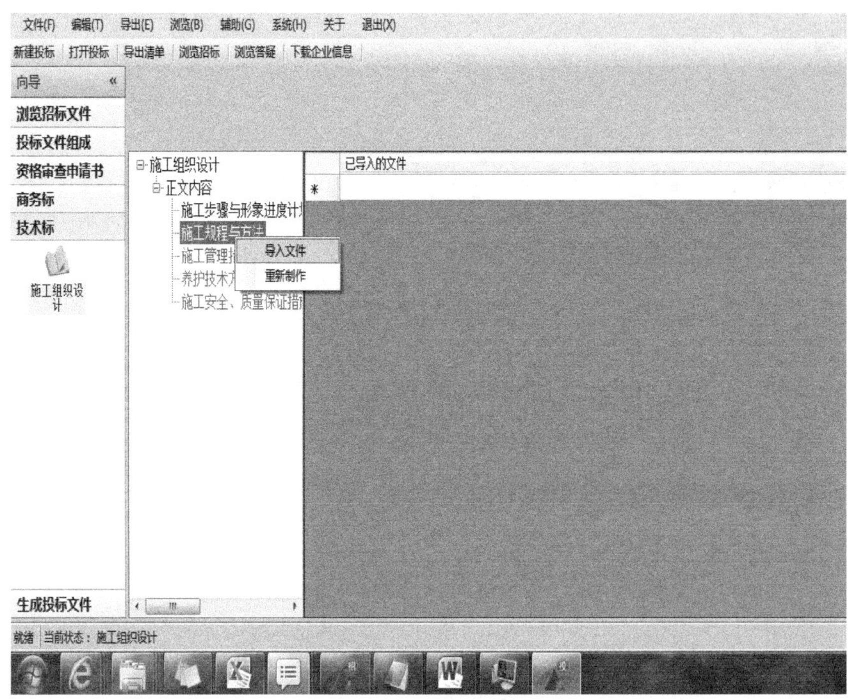


图4-10　技术标文件导入

（8）生成投标文件、完成清标。

清标后如果有符合性检查的错误，需要重新检查投标文件，修改完善后重新清标，直到清标结果中所有的符合性检查错误都为0。

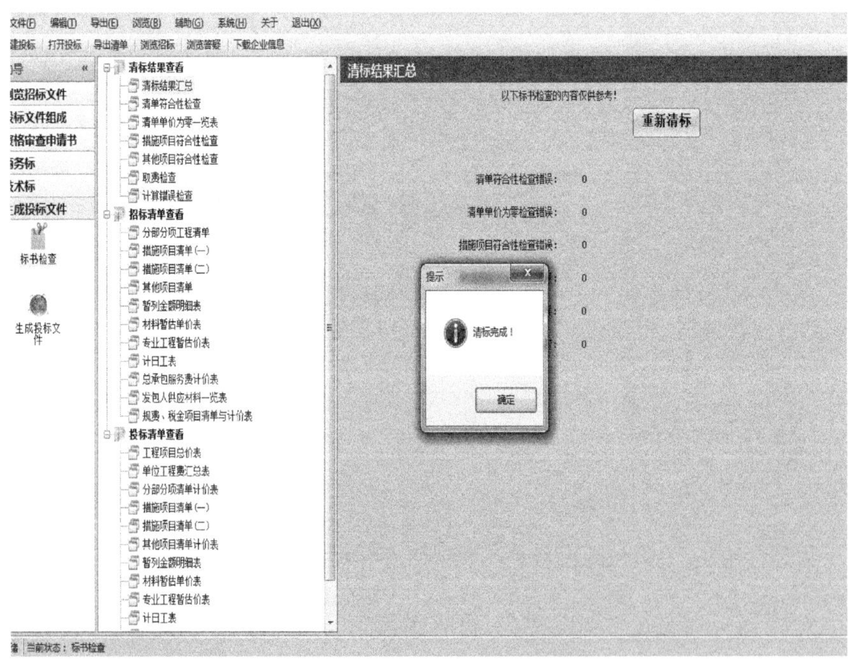


图4-11　生成投标文件、完成清标

（9）转换标书、标书签章。

清标完成后，生成投标文件，按照软件右侧的标书签章指引，对标书进行签章。要注意不能漏掉任何一个公章或者法人章。

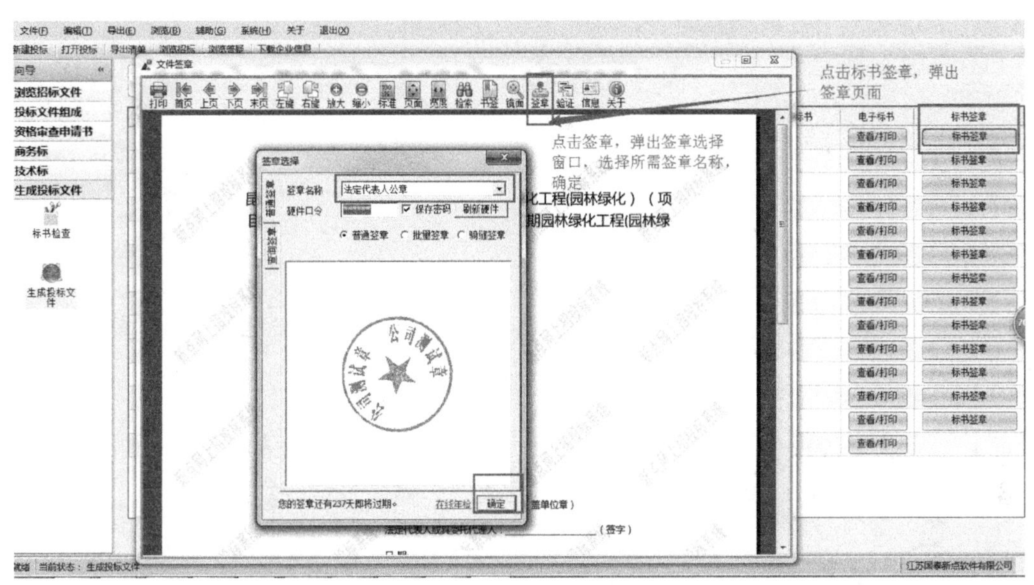


图4-12　转换标书、标书签章

（10）生成投标文件，输入CA密码生成加密和非加密的两个投标文件。加密投标文件用于系统上传，非加密文件用于自行检查投标文件的最终版本，投标人须仔细核实投标文件的准确性。

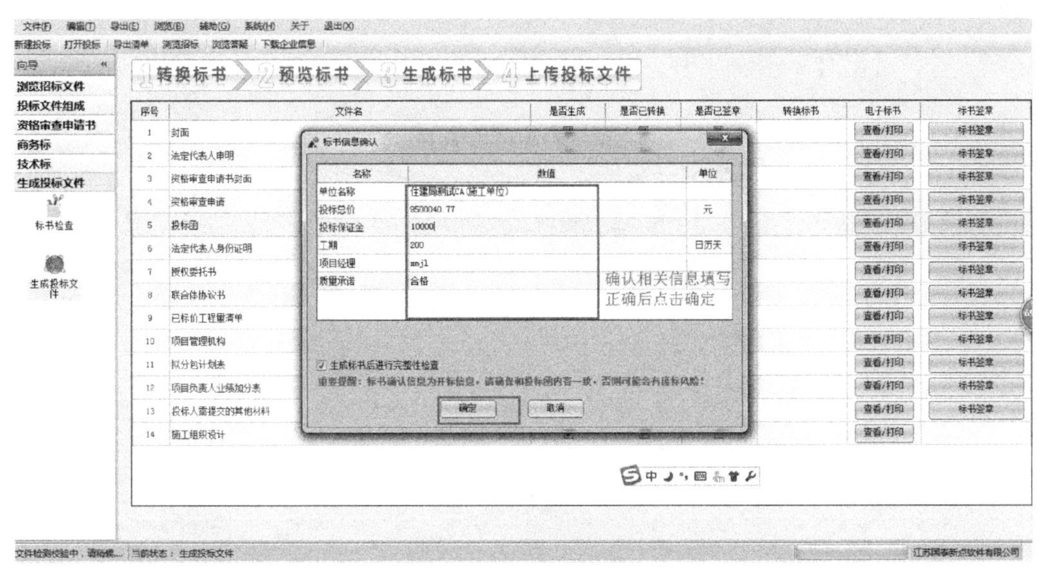


图4-13　生成投标文件

图4-13　生成投标文件（续）

（11）系统上传投标文件后，进入支付页面，在投标人开通的网银账户支付投标费用，支付完成后，选择加密的投标文件上传，系统会提示投标成功。

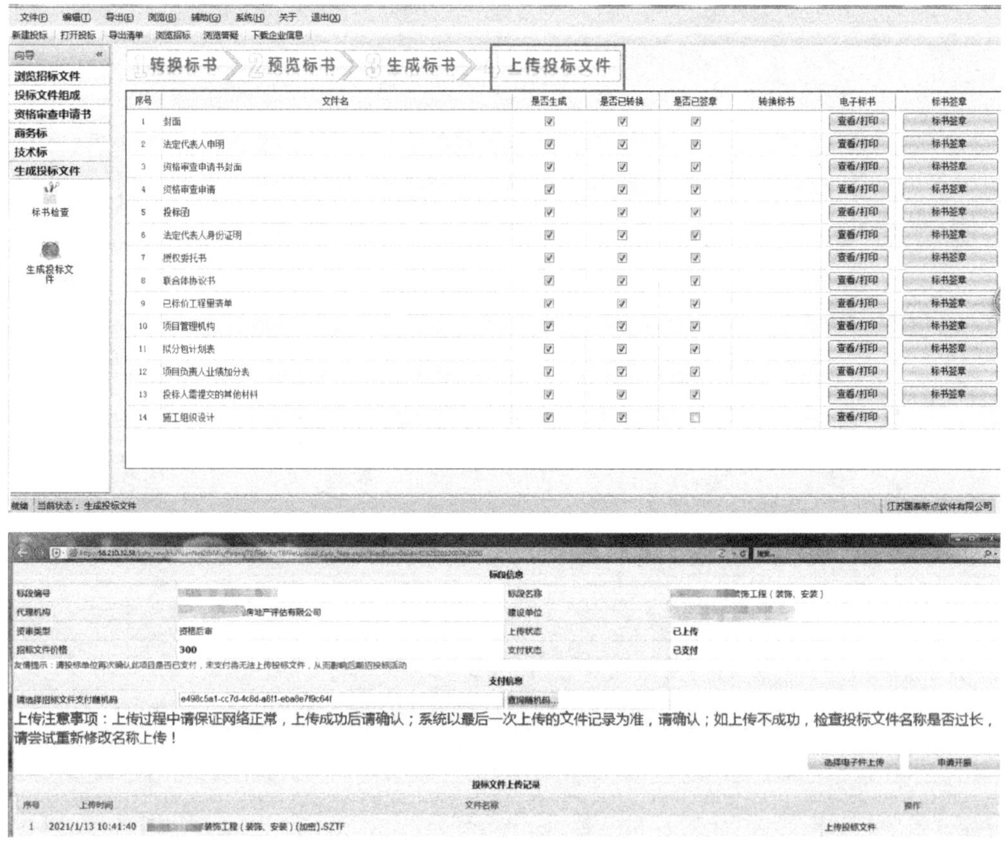

图4-14　投标文件上传

# 第 5 章

# 技术标编制思路及方法

## 5.1 技术标编制整体思路及步骤

随着国家建筑市场的日趋规范，市场有序竞争越来越激烈，企业如何在市场竞争中站稳脚跟并占领更多的市场，占据更大的市场份额，简单地讲就是如何能中标更多的工程项目，编制好技术标书已经成为必要的条件。作为企业的工程技术人员，除了在企业施工技术管理中发挥主力军的作用外，也要在经营拓展市场中起到排头兵的作用，这就要求我们在技术标书编制上下一定的功夫。

那么如何编制好技术标书呢？这是一个见仁见智的工作，下面我们看一下技术标编制的内容及技巧，以便在今后的工作中有所借鉴（图5-1）。

### 5.1.1 技术标编制整体思路

技术标编制整体思路　　表5-1

| | | |
|---|---|---|
| 1 | 看 | 熟悉招标文件、图纸、施工现场，找出重点内容，重点标出废标条款 |
| 2 | 搜 | 搜集项目相关情报信息 |
| 3 | 建 | 建结构搭框架 |
| 4 | 填 | 框架大纲内填充素材 |
| 5 | 调 | 调整填充材料 |
| 6 | 亮 | 找出项目亮点 |
| 7 | 查 | 讨论定稿，检查复核 |

### 5.1.2 技术标编制步骤

为了在投标竞争中获胜，投标人必须对招标文件的每句话、每个字都要认认真真地研究理解，掌握和摸透招标人的意图和要求。投标时要响应招标文件的全部要求，如果误解招标文件的内容和要求，将会导致失标或其他经济损失。

1.看

详细阅读招标文件内容，主要包括投标邀请函、投标人须知、招标项目的技术要求及附件、投标保证文件、合同条件（合同的一般条款及特殊条款）、技术标准、规范、图纸、投标企业资格文件、投标书要求和格式、参考资料等。招标文件是编制标书的重要依据，领取招标文件后参与投标工作的每个人均须认真阅读招标文件及相关资料，充分了解招标文件的内容和要求。

认真学习技术资料，熟悉图纸，了解工程项目建筑、结构、安装情况，找出项目施工中的重点和难点，对建筑、结构、安装中的重点和难点要有针对性的解决措施。针对招标文件中对技术标的要求，制定相应的措施，要保证做到“有要求就必须有措施”。

招标文件对投标文件提交的时间、地点、联系方式及截止时间，以及开标时间、地点、参加人员作了规定，投标人必须及时准确地送达投标文件和参加开标，否则将会失去中标机会。

对投标工程项目所在地的情况进行全面了解，主要了解的内容为：

（1）该地区气候情况，即本地区冬雨期施工要求情况、环保要求情况。

（2）项目现场的施工条件，即“三通一平”情况以及周围环境对工程的要求情况。

（3）对地质情况进行调查。

（4）对该项目所在地区建设主管部门的相关文件进行学习和了解。

对于很多投标人员来说不中标不可怕，废标才可怕。如果因为个人原因或者是犯了低级的错误导致标书无效是要被领导痛批的，所以招标文件中的废标、否决投标条款是投标人员重点关注的对象，应采用彩色记号笔标注出来。另外有些废标项比较隐蔽，要仔细研究招标文件，避免漏掉重要信息。

2.搜

搜集项目相关情况信息，招标方是否有意向单位？项目是否有同行控标？控标人可能是谁？招标方的联系人是谁？能否与招标方对接？根据搜集的信息并结合企业实际情况评估项目中标概率，决定是否参与项目投标。

3.建

决定参与投标后开始编制标书，建结构搭框架。根据招标文件要求和评分标准确定投标文件由哪几部分构成，每个部分又由哪些内容组成，列出每部分的标题。这样可以明确需要编制的内容，每部分编制的难度有多大，是否有材料需要跨部门协调，是否需要外援协助解决，等等。这些都要留有充分的准备时间，否则等到开标前再发现缺少资料需要补救就会很被动。

4.填

根据搭建的框架，填充相应的素材，核算项目成本，初步填写报价、施工技术方案、公司资质证书等材料。这些素材来源于招标文件、现场踏勘资料、相关标准规程文件、其他类似项目的投标文件、网络上的参考资料、请教同事领导的资料，等等。填充过程不要纠结于细节，一鼓作气用最快的速度先出一个初稿，先完成再完美。

5.调

调整投标文件的内容，前面的素材是从四面八方搜集而来的，一定会存在很多的问题。要结合项目的实际情况调整方案逻辑、文字描述语言风格差异、前后矛盾、重复等问题，要把投标文件调整到与项目实际情况和企业综合实力相适应的状态。

6.亮

结合项目的实际情况思考本项目的重难点在哪里，招标人关注的重点问题在哪里，本公司的优势有哪些，本公司的弱势在哪里，然后扬长避短、有针对性的用图文并茂的形式在标书中展示，让评委和招标人一眼就能看到该投标文件的亮点。

7.查

最后还要再仔细地检查标书。评委和招标人查看标书是没有时间字斟句酌的，目录是否完全对应招标文件的内容，客观分是否全部响应，主观分是否符合项目实际情况等直接影响到投标人的分数。所以标书编制人员需要根据相应流程检查，还应有专门的复核人员进行检查，基本上每次检查都能找到需要修改润色的地方，检查的次数越多，标书的质量越高，出错的概率越小。做标书要精益求精、细致入微，容不得一点马虎，很可能一个微小的细节就会让整个团队的努力全部白费，一定要慎之又慎。

### 5.1.3　技术标编制依据

（1）参与投标建设项目招标文件、工程量清单及其补充通知。

（2）参与投标建设项目工程施工图纸、地质勘察报告。

（3）现场踏勘情况。

（4）建设场地中的自然条件和施工条件等工程现场调查资料。

（5）招标答疑回复。

（6）国家现行施工及验收标准、地方标准、标准规程图集以及各省市有关建筑施工管理等方面的相关情况。

## 5.2 技术标编制方法

投标人想要编制得高分的技术标，技术标就要既有“面子”又有“里子”。“面子”是指投标文件格式满足要求，标书尽可能很厚（在招标文件没有页数限制的情况下），装订精美，评分索引清晰，能够让评委快速找到得分项，增加评委的印象分。

“里子”是指针对评分标准里的得分项的客观分尽量全部响应，主观分的内容要围绕项目要求并结合实际情况编制方案等内容，内容要详尽充实、科学合理，能够在众多投标人中脱颖而出，让评委认可自己的方案。

很多优秀的标书编制人员制作的标书在开标时能拿到高分，一般都是“面子”和“里子”兼具，让评委一致认为这个投标人实力雄厚，标书做得很专业，让评委无法扣分，不得不给分，写到这个程度的技术标才算成功。如何编制得高分的技术标？详见表5-2。

如何编制得高分的技术标　　表5-2

| | | |
|---|---|---|
| 1 | 目录 | 不得有缺项 |
| 2 | 评标索引表 | |
| 3 | 投标函 | |
| 4 | 法定代表人身份证明 | |
| 5 | 合同条款偏离表、合同条款点对点应答 | |
| 6 | 技术条款偏离表、技术规范点对点应答 | |
| 7 | 施工组织设计方案、施工各项保证措施 | |
| 8 | 人员、材料、机械配备 | |
| 9 | 公司资质、类似业绩、ISO体系认证、获奖证书等审查资料 | |
| 10 | 额外服务承诺 | |
| 11 | 其他技术标及评分标准中要求的内容 | |

### 1.确定技术标编制目录

目录是技术标的灵魂，是技术标的框架和结构，它反映了标书编制人员对项目的理解和整体的编制思路。在评标时由于时间有限，评委一般不会逐字逐句地细读标书，往往先抓标书的重点内容，重点看标书内的评分响应点是否全部齐全、是否具有逻辑性，先建立对标书整体的初步印象，再细看每个评分响应点的内容是否符合招标文件的要求。

目录应根据招标文件要求的投标文件编制内容和评分标准的内容以及投标人觉得有优势的加分项，编制全面的、完全响应标书要求的目录。一个好的目录可以让评委快速找到他想要了解的内容，招标文件评分标准的内容建议在目录中直接使用，不要按照自己的想法换一个表述方式，虽然可能意思是一样的，但是增加了评标难度，可能导致评委不能在第一时间捕捉到有效信息。

目录应标题层级明确、前后关联、错落有致。每节标题尽可能细化得分点，明确表明方案考虑的细节，并且页码齐全、方便评委翻阅。一切都要换位思考，站在评委评标的角度看待自己的技术标，给评标提供便利条件。

### 2.确定技术标编写内容并分工

投标书目录出来后，则对需要编制的内容进行分工，每个人负责相应的内容，并且规定完成的时间节点，一般要提前2～3天完成，以便汇总、复核及审查。

（1）投标书格式条款。

招标文件中提供了投标书的格式模板，投标人可直接复制到技术标中，根据要求填写即可。切记不要更改招标文件中提供的模板，也不要为了省事从以往的项目中复制投标书内容，因为不同的招标文件给的格式模板会有细微差别，往往很难发觉，不要为了图省事而自己给自己挖坑。

（2）偏离表点对点应答。

偏离表是招投标过程中专门用来对应性表达发承包双方关于技术要求差异的表格性文件。一般来说投标人应完全响应商务、技术偏离表，当出现与招标文件要求不一致时，要求就不一致的内容进行描述。为了清晰、准确无误地体现偏离的内容，往往采用表格的形式一一对应地列出并表述。

商务、技术偏离表应尽量响应招标文件的要求，最好是无偏离、正偏离，或者细微偏离。在实践中没有偏离往往是不太现实的，一般招标文件允许一定幅度的正负偏离，有的招标文件中明确规定了偏离的响应性评分细则；有的招标文件中只允许正偏离；有的招标文件中将重要的技术指标作为“★”号条款和实质性响应要求，如未提供或未按规定格式填写，可能导致投标被否决。

在实践中很多投标人在编制偏离表时会仔细研究招标文件偏离表的游戏规则。为了中标，投标人对招标文件提出的商务条款和技术条款都是完全响应且无偏离，如果正偏离能加分也会想办法把加分项拿到，确保自己在偏离表这里不丢分。但同时也会给中标后埋下隐患，可能会因商务条款过于苛刻而影响项目进展，也可能会有无法实现承诺的技术要求，所以在编制偏离表时，对于存在的偏离项投标人还是应仔细研究斟酌后再编制标书，否则响应了招标文件的要求，后期施工中实现不了可能会带来合同纠纷和隐患。

此项为客观分，只要响应就能得分。

（3）公司资质、类似业绩、ISO体系认证、获奖证书等审查资料。

根据招标文件的要求，把相关的公司资质证书、ISO体系认证证书等编制到投标文件中。注意资质证书是否在有效期内，资质证书的承包范围与招标文件的要求是否相符。实践中经常出现A公司投标，放的却是B公司的资质证书的情况，这点要尤为注意。

根据招标文件的要求提供类似的业绩。类似业绩是与招标项目的结构形式、使用功能、建设规模相同或相近的项目，主要是用来考评投标人是否有承接招标项目的能力和水平。

一般需要提供中标通知书、合同、竣工验收证明等相关材料。可以先用表格的形式罗列出类似业绩的相关信息（项目时间、项目名称、项目规模、项目地点、甲方联系人、联系电话等），然后再把项目相关证明材料作为附件放在后面，让评委一清二楚地捕捉到想要的信息。业绩要注意检查是否与需要投标的项目类似，提供的材料年份是否符合要求，提供的材料签章是否齐全。

此项为客观分，只要按照招标文件响应就能得分。

（4）人员、材料、机械配备。

按照招标文件的要求并结合公司的实际情况，提供人员、材料、机械设备配备表。一般招标文件中会有固定的格式，根据招标文件的要求填写即可。这里要注意所填的人员必须是本公司的员工，比如项目经理、技术负责人等项目重要人员，需要提供人员简历、劳动合同、社保证明等相关材料。如果招标文件对项目人员、材料、机械有特殊要求，比如有的项目需要配备××专业的项目经理，同时具有××专业的工程师证书，同时还要具有安全员证书等，这时要尽可能按照招标文件的要求响应，否则会丢分。

此项为客观分，只要按照招标文件响应就能得分。

（5）施工组织方案、施工各项保证措施。

此项为主观分，要结合项目实际情况进行编写，针对评分标准里面涉及的细部方案点对点应答，让评委看到每一个评分点在标书中都有对应的内容，且内容完整、详细，符合招标文件要求，要能够在众多投标人中脱颖而出，这对评委的印象分和标书编制实力分都很重要，要确保这两部分分数都能拿到。

比如有的投标文件，评委初看标书中点对点应答做得很好，每个评分点都有，这样评委的印象分就很好；接着看方案内容，发现是从别的项目中复制过来的，不符合所投项目的实际情况，那么分数就不会太高。在实际工作中，有些投标人的投标文件中甚至项目名称和地点等主要项目信息都是直接照搬照抄其他项目，明显与投标项目不符，自然不会得高分。

另外一些投标人是勘察过现场，仔细研究了招标文件后开始编制施工方案的，但是完全按照自己的思路和逻辑编写，完全没有看招标文件的要求，以至于评委找不到得分点，或者要花很大的力气才能找到。评标时间有限，不能让评委快速找到评分点，会引起评委的误判，让自己的标书丢分。

在施工组织方案编写时，既要响应招标文件拿到“面子分”，又要用自己的编制实力拿到“里子分”。

## 5.3 施工方案及技术措施编写

### 5.3.1 施工方案及技术措施编写方法

介绍各分部分项工程施工方案，每一个分部分项工程为一节。在介绍分部分项工程施工措施时，特别注意编写要有针对性，可以参考标准的施工工艺，但是不能完全抄写标准施工工艺。

施工工艺流程体现了施工工序步骤上的客观规律性，组织施工时要符合规律，对保证质量、缩短工期、提高经济效益均有重要意义。施工条件、工程性质、使用要求等均对施工程序产生影响。一般来说，合理安排的施工程序应考虑以下几点：

（1）组织施工时对主要施工工序之间的流水安排，在施工组织设计中已经做了分析和策划，但对于单个施工方案来讲，主要说明单个施工工序的工艺流程。

（2）在实际编制中要有合理的施工流向。合理的施工流向是指在平面和立面上均要考虑施工质量保证与安全保证，考虑使用的先后；要适应分区分段，要与材料、构件的运输方向不发生冲突，要适应主导工程的合理施工顺序。

（3）在施工程序上要注意施工最后阶段的收尾、调试，生产和使用前的准备，以便交工验收。前有准备，后有收尾，这才是周密的安排。

### 5.3.2 施工方案及技术措施编写内容

投标人应根据招标文件中技术标的要求编制技术标。参考苏州地区编制技术标的要求，技术标一般包括但不限于以下内容：

（1）编制依据：在此模块中首先应介绍一下编制依据，遵守的施工及验收标准，编制总说明，应用的新技术、新工艺、新材料、新设备情况。

（2）工程概况：工程概况这一模块需要针对投标的对象进行编制。比如由政府部门组织招标的工程，应采用图、表、文并茂进行建筑、结构概况介绍。因为评审专家需要通过工程概况了解该工程项目情况，然后才对施工方案进行评审。如果是建设单位如房地产开发商组织的项目招标，就可以简单地编写，不用耗费太多工夫，因为评审专家对该工程项目要比我们更了解。

（3）施工部署（施工方案）：

施工总体部署：在施工总体部署中，主要采用图表表达质量目标、安全目标、现场管理目标、工期安排；人力组织形式及整体安排计划；主要机械部署等情况。

施工准备计划：施工准备计划主要包括开工准备计划，原材料、半成品及构件准备计划，基础（地下）工程、主体工程、装饰装修工程、安装工程、室外工程等准备计划，技术准备计划，施工机械准备计划，劳动力准备计划等。

施工段的划分：主要用图示表示施工平面如何分段、施工立面如何分层，并对施工及安全情况说明理由。

施工程序：一般采用框图的形式表示，也可采用绘制施工图的形式表示流程，更加直观并有利于评委的评定。

施工用水、电、通信、可视化监控部署：根据现场情况分别给出最佳部署方案。

施工平面部署：总体交代平面布置思路。

（4）施工管理机构设置及劳动力组织：

施工组织机构：可采用项目主要负责人的框架机构图，施工组织机构中主要管理人员简历表要求将个人简历、学历及任职资格证明等材料作为附件，不但效果显得真实，也是对单位实力的一种展示。

管理机构中主要岗位职责可以用文字或者表格的形式介绍。

劳动力组织：将各施工阶段的人数按工种用表格进行统计，制作出劳动力需求曲线，并将国家规定必须持证上岗的工人名单列表，在表中要反映出各岗位人员的姓名、等级、发证机关、证件编号，本人的身份证号码等。如果采用“暗标”形式评审，则不体现个人及企业相关信息。

（5）施工工期及进度计划：主要包含工程工期编制说明、工期总进度计划、里程碑目标。

施工总进度计划表：该模块中施工总进度计划网络图必不可少，应在网络图中将各种资源曲线一同绘制出来，并加入施工项目的平面图，显得网络图更加丰富。在施工总进度计划横道图中应将国家规定的特殊节假日用不同的颜色进行区分，以便让评委直观地感到施工安排考虑得合理。

分部分项工程计划图表：可以根据工程的分部分项节点，用图示的形式将基础、主体等进度计划很形象的表示出来，给评审专家清楚直观的感觉。

（6）施工机械设备配备：主要包括机械设备配备说明、总体施工机械配备表、分阶段机械设备配备表、主要机械设备的性能参数表、主要机械设备图片、主要机械设备基础设计、安装及拆除措施等。施工机具选择应遵循切实可行、实际需要、经济合理的原则，具体考虑以下几点：

①技术条件。包括技术性能、工作效率、工作质量、能源耗费、劳动力节约、使用

安全性和灵活性、通用性和专用性、维修难易程度、耐用程度等。

②经济条件。包括原始价值、使用寿命、使用费用、维修费用等。如果是租赁机械应考虑其租赁费。

③要进行定量的技术经济分析比较，以使机械选择最优。

（7）施工现场平面布置：

①现场概况及布置说明，布置说明应分施工阶段叙述。

②现场临时工程设计，并绘制出临时工程的结构形式、面积、需用数量表。

③分施工阶段绘制施工平面图，如基础或地下室施工阶段、主体施工阶段、装饰装修施工阶段等。

（8）重点及难点部位施工特殊措施：主要包括项目中重点部位施工特殊措施和难点部位施工特殊措施，要结合项目实际情况有针对性地编写。

（9）主要施工方案及技术措施：

分项工程施工方案选择一览表，介绍各分项工程施工方案，每一个分项工程为一小节。在介绍分项工程施工措施时，特别注意编写的针对性，不能直接抄写标准施工工艺。

（10）质量目标及质量保证措施：主要包括质量目标、质量组织体系、质量保证体系、具体施工质量保证措施、质量通病防治措施等。

（11）安全目标及安全保证措施：主要包括安全目标、安全组织体系、安全保证体系、施工安全保证措施，如安全用电、机械操作、高空作业、安全具体防范措施、事故易发点控制措施等。

（12）施工技术保证：主要包括企业技术管理体系、技术管理制度、施工技术措施等。

（13）现场消防保卫措施：主要包括现场消防措施、现场保卫措施等。

（14）工期保证措施：主要包括工期目标、进度控制的具体方法、施工进度计划的动态控制、保证工期的管理措施、保证工期的技术措施等。

（15）现场文明施工措施：主要包括单体文明施工措施，如标牌、围墙、大门等，文明施工具体措施等。

（16）季节性施工措施：主要包括雨期施工措施、冬期施工措施、炎热天气施工措施、节假日施工措施、防台风措施（沿海地区）等。

（17）环保及夜间施工措施：主要包括环境保护措施（声、光、尘、污等）、夜间施工措施等。

（18）工程降噪措施：主要包括管理降噪措施、技术降噪措施等。

（19）成品保护措施：主要包括成品保护管理原则、分部分项工程成品保护措施等。

（20）总包管理及主要分包商使用计划（有总包要求的写）：主要包括总包管理控制措施、主要分包商使用计划及进场时间表等。

## 5.4 施工方案及技术措施素材来源

技术标通常有成百上千页，这么多页的技术标要在有限的时间内完成，逐字录入基本上是不可能的。一般标书编制人员都有自己的素材来源，利用已有类似项目的施工方案和技术措施提高工作效率，一份好的技术标不是从无到有写出来的，而是搜集、研究、借鉴、整合、优化出来的。我们不生产文字，我们只是文字的搬运工。施工方案及技术措施的素材来源渠道详见表5-3。

施工方案及技术措施的素材来源渠道　表5-3

| | |
|---|---|
| 1 | 参考专业的施工方案书籍 |
| 2 | 从网络上搜索资料：百度文库、搜狗、豆丁文库、大家论坛、道客巴巴、筑龙网等 |
| 3 | 必备的施工工艺大全：提供一个比较实用的施工工艺大全模板供大家参考（图5-1） |
| 4 | 向公司同事、老师、同行请教：借鉴+模仿=成长 |
| 5 | 施工方案及技术措施素材的高效利用方法：给大家推荐一些笔记软件，如微云、百度云、有道云笔记、印象笔记等，随时记录日常发现的素材 |

### 5.4.1 施工方案的书籍

平时可以多收集与建筑相关的施工标准、各专项施工方案、施工工艺、技术交底资料、各类施工常用表格、相关图片及图集等资料，扩充自己的技术标资料库，建立资料库索引目录，在需要的时候能快速地找到相关资料，提高工作效率。

例如《建设工程安全专项施工方案编制指导与范例精选》中的内容包括：

第1章　概述

1.1 安全专项施工方案编制目的与编制依据

1.2 安全专项施工方案编制对象及内容

1.2.1 安全专项施工方案编制对象

1.2.2 安全专项施工方案编制内容

1.3 安全专项施工方案的编制审核及论证审查

1.4 安全专项施工方案格式与编制程序

1.5 安全专项施工方案编制注意事项

1.6 建筑施工安全技术措施

1.7 建筑施工安全生产管理

1.7.1 建筑施工安全生产管理基本内容

1.7.2 建筑施工安全生产管理基本对象
1.8 危险源辨识及控制
1.9 应急预案
第2章　基坑支护与降水工程安全专项施工方案
2.1 基坑支护安全专项施工方案编制要点
2.2 降水工程安全专项施工方案编制要点
2.3 基坑支护与降水工程安全技术措施
第3章　土方开挖工程安全专项施工方案
3.1 土方开挖工程安全专项施工方案编制要点
3.2 土方开挖工程安全技术措施
第4章　模板工程安全专项施工方案
4.1 模板工程安全专项施工方案编制要点
4.2 模板工程安全技术措施
4.2.1 概述
4.2.2 模板工程安全技术措施
4.2.3 新型模板应用技术措施
第5章　起重吊装工程安全专项施工方案
5.1 起重吊装工程安全专项施工方案编制要点
5.2 起重吊装工程安全技术措施
5.2.1 起重吊装工程概述
5.2.2 起重吊装安全技术措施
第6章　脚手架工程安全专项施工方案
6.1 脚手架工程安全专项施工方案编制要点
6.2 脚手架工程安全技术措施
6.2.1 脚手架工程概述
6.2.2 脚手架工程安全技术措施
6.2.3 新型脚手架应用技术措施
第7章　拆除和爆破工程安全专项施工方案
7.1 拆除和爆破工程安全专项施工方案编制要点
7.2 拆除和爆破工程安全技术措施
第8章　精选安全专项施工方案范例点评
第9章　精选安全专项施工方案范例简介
9.1 北京某大厦深基坑支护安全专项施工方案
9.2 某工程土方开挖、基坑支护及降水安全专项方案

9.3 某火车站地下室基坑支护安全专项方案
9.4 某高层深基坑工程基坑支护、基坑降水、土方开挖安全专项施工方案
9.5 污水处理厂进水泵房深基坑安全专项施工方案
9.6 某山庄边坡（堤防）支护工程安全专项施工方案
9.7 北京某高层综合服务楼土方开挖安全专项施工方案
9.8 地铁一号线某站土方开挖安全专项施工方案
9.9 某水电站厂房基础开挖安全专项施工方案
9.10 某塔基开挖安全专项施工方案
9.11 某住宅楼土方开挖安全专项施工方案
9.12 北京某高层综合服务楼模板安全专项施工方案

这本书不局限于精选相关施工方案，同时也对与危险性较大的工程安全专项施工方案相关的法规条例、安全技术措施、安全管理规定等进行了全面而详细的介绍，同时还有精选范例介绍。它结合建设工程设计标准、安全技术标准和施工质量验收标准，系统地阐述了建设工程施工安全专项施工方案的编制要点、安全技术措施等多种相关信息。我们在编制标书时，如果遇到安全专项方案的内容就可以参考和借鉴这本书中的内容，再结合项目实际情况编制标书，不用自己绞尽脑汁、挖空心思地空想，事半功倍。

### 5.4.2 从网络上搜索资料

在互联网时代来临之前，标书写得好的人是擅长收集资料、手边工具书很多、工作经验积累丰富的人；但是互联网时代下，我们可以利用搜索引擎，只要知道自己想要什么，通过搜索关键词就能依靠搜索引擎和数据库获取大量的资料。

现在标书写得好的人，除了实际工作经验，还需要搜索引擎用得好，能够利用关键词精准定位素材，是思考+借鉴+改造能力很强的人。

需要强调的是，个人的技术能力水平、综合实力还是非常重要的，即使有了优质的素材，对素材的加工、整合、优化还是要靠个人的知识积累和经验完成，这是考验个人“内功”的技术活。

1.搜索引擎

搜索引擎是信息资料搜集的重要渠道之一，用搜索引擎查找信息资料需要使用恰当的关键词和一些搜索技巧。目前国内的搜索引擎有很多，目前搜集编制标书方面资料相对比较快速的是百度、搜狗、360搜索等。

通过搜索引擎查资料，最大的缺点在于信息量大、搜索结果五花八门，要在搜索结果中甄别出自己需要的材料需要浪费大量的时间和精力。这时候关键词的组合和搜索技巧就显得尤为重要。

搜索关键词的选择组合：举例说明，假如我们需要搜索办公楼装饰装修工程施工组织设计相关资料，如果输入的关键词是“施工组织设计”，结果会有很多，很难找到有效的资料。可以进一步界定关键词，如：“装饰装修工程施工组织设计”“办公楼装饰装修施工方案”“办公楼装修技术标”“办公楼装修投标文件”等，在搜索过程中不断地变化关键词，直到找到需要的结果。在查找过程中可以根据查找结果内容再次对关键词进行修正，修正某些名称的专业表达方式。

想要快速搜索到需要的结果，需要先从最精准、最合适的关键词开始，否则关键词太宽泛，白白浪费时间。如果精准的关键词资料确实很少，再尝试更宽泛的关键词。所以先确定更多、更精准的关键词，然后搜索范围从窄到宽、从精准到模糊，才是搜索的正确方法。

2.数据库、专业论坛

对于施工方案中涉及专业领域的重难点问题，在搜索引擎上可能很难找到合适的内容，这时可以到专业数据库和专业论坛上看看建筑领域内的相关资料，或许可以带来意想不到的启发。

比如：中国知网、万方数据等，可以查询到专业的期刊、论文；土木在线、筑龙网等，可以查看专业的课程以及细分领域的专业资料。

3.共享文库

共享文库中有很多比较好的专业资料，使得大家搜集资料时方便很多，比如百度文库、豆丁文库、爱问共享、道客巴巴等，这里的资料大多时候不会让你失望的。

### 5.4.3　施工方案模板

提供一个比较实用的施工工艺大全模板供大家参考，详见图5-1。本施工大全中资料齐全，找到需要的资料后可以直接复制粘贴、修改使用即可。

类似的施工工艺大全在网络上还有很多相关的素材，还有许多施工工艺视频，对于刚开始做投标的新人，可以边学习施工工艺视频边看文字版的施工工艺，如果有机会到施工现场学习，进步会更快。

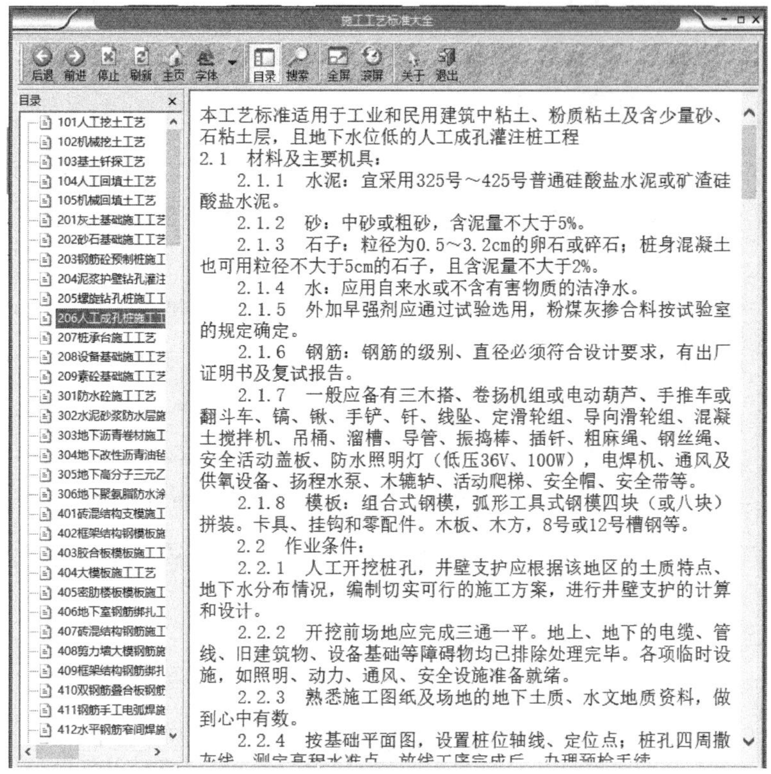


图5-1 施工工艺标准大全

### 5.4.4 施工方案及技术措施素材高效利用法

做标书需要有强大的资料储备才能在需要时信手拈来，收集、整理、归纳资料，推荐使用有道云笔记、360云盘等。

（1）有道云笔记支持一键保存网站上的施工组织设计，一键收藏微信上的工艺文章，一键微博文章同步。Word、Excel、PPT、PDF等文件也可以在有道云笔记里打开并进行编辑。支持手机、电脑、平板之间自动同步，还支持对笔记内容进行演示，拥有强大的检索功能，涵盖个人知识管理的所有关键环节，是标书编制人员的好帮手。

（2）360云盘的同步版可以实现多个文件夹同步，只要设定好同步文件夹，在本地对文件夹文件的任何操作都会自动更新到云端。同时在手机、公司电脑、家里电脑、出差时的笔记本电脑都是同步的。如果你在编写标书，你把标书保存在同步文件夹中或将文件直接保存在云端，下班后直接保存，晚上回到家里文件已经自动同步更新了，你可以继续完成工作。在出差时，你可以直接打开同步文件夹，是之前更新的最终稿，无须刻意上传资料，就可以在不同的终端对同一文件进行操作。而且在360云端有“历史版本”功能，可以清楚地看到文件修改保存的时间，想要调取以前版本的资料直接下载即可。各版本的时间一目了然，不用担心找不到哪个是最终版本的文件。

## 5.5 施工进度计划表应如何编写?

投标文件需要响应招标文件的工期要求，保证投标文件按照招标文件规定的工期交付使用。施工进度计划表以拟建工程为对象，规定各项工程内容的施工顺序和开工、竣工时间的施工计划，是控制工程施工进度和工程施工期限等各项施工活动的依据。施工进度计划是否合理直接影响施工速度、成本和质量。

### 5.5.1 施工进度计划编制依据

（1）工程项目招标文件、招标图纸。

（2）现场自然条件和环境。

（3）拟采用的主要施工方案及措施、施工顺序、流水段划分等，以及公司的人力、设备、技术和管理水平。

（4）劳动力状况、机具设备能力、物资供应来源条件等主要资源需用量。

（5）业主要求以及国家、地方现行标准、规程和有关技术规定。

### 5.5.2 施工进度计划表的编制

施工进度计划表为整个施工活动及其分项活动指明了确定的施工日期，即时间计划。简单地说就是在时间和空间上的安排以及它们之间相互搭接、相互配合的关系。

横道图是一种最简单、运用最广泛的传统的进度计划方法。尽管现在有许多新的计划编制技术，横道图在投标文件编制中的应用仍然最广泛。

通常横道图的表头为工作及其简要说明，项目进展表示在时间表格上。按照所表示工作的详细程度，时间单位可以分为小时、天、周、月等。根据横道图使用者的要求，工作可以按照时间先后、责任、项目对象、同类资源等进行排序，如图5-2所示。

横道图计划表中的进度线（横道）与时间坐标相对应，这种表达方式比较直观，易看懂计划编制的意图。但是横道图进度计划法也存在一些问题:

（1）工序（工作）之间的逻辑关系可以设法表达，但不易表达清楚。

（2）适用于手工编制计划。

（3）没有通过严谨的进度计划时间参数计算，不能确定计划的关键工作、关键路线。

（4）计划调整只能采用手工方式进行，其工作量较大。

（5）难以适应大的进度计划系统。

横道图是按时间坐标绘制的，横向线条表示工程各工序的施工起止时间先后顺序，整个计划由一系列横道线组成。它的优点是易于编制、简单明了、直观易懂、便于检查和计算资源，特别适合于现场施工管理。横道图的编制方法详见表5-4。

**横道图的编制方法** **表5-4**

| | | |
|---|---|---|
| 1 | 收集项目信息 | 熟悉项目概况、工期目标、工程量清单、图纸等资料，建立对项目的整体认识 |
| 2 | 项目内容分解 | 根据已编制的施工方案及工序间的逻辑关系，对工程项目进行分解，划分的每一道工序要有明确的工作内容，有一定的实物工作量和形象进度目标 |
| 3 | 确定工序时间 | 确定分项工程内各工序的时间消耗，明确所有分项工程施工所需要的时间 |
| 4 | 用专业软件编制横道图 | 根据项目分解后的分部分项工程顺序及分项工程所需时间编制施工进度计划表，将构成整个工程的全部分项工程纵向排列填入表中，横轴表示可能利用的工期；若计划时间超出招标工期要求，原则上不能调整招标工期，采取加大资源投入、克服困难缩短关键工期来确保按照招标工期顺利进行 |

投标文件中简易的施工进度计划可以用Excel表格编制，如果需要表达清楚施工工序之间的逻辑关系，可以采用Project编制的施工进度计划表。

### 1. Excel编制施工进度计划表

在投标中经常要画施工进度横道图，简易的施工进度计划表可以用Excel编制。Excel可以快速、准确地编制出需要的表格。

（1）新建一个Excel表格，在表格内输入序号、分项工程名称、招标文件要求的计划工期时间等相关内容（在投标过程中，很多投标人都是调用以往类似项目的施工进度计划表作为模板修改调整的）。

（2）按照施工顺序将分部分项工程的名称填入Excel分项工程名称的纵向列表中。（由于投标时间紧、任务重，很多投标人采用将招标人提供的工程量清单中的分部分项工程按照逻辑顺序直接填入表格，不过这种方法只适用于简易项目的投标中，大型复杂项目还需要结合施工方案、工程量清单、施工图纸编制）。

（3）Excel表格的横向列表是整个工程的计划工期，将每个分部分项工程所需的时间填入表格，可以用直线的形式，将直线绘制在对应的日期内。在实践中也有投标人用在单元格内填充颜色的形式，将颜色填充在对应的日期内。

（4）根据招标文件的要求，调整表格的格式，完善表格的内容，详见图5-2。

### 2. Project编制施工进度计划

Project是一个以项目管理为核心的软件，软件设计的目的在于协助项目经理发展计划、为任务分配资源、跟踪进度、管理预算和分析工作量。目前分配资源和控制成本在实践中应用较少，在投标工作中以编制施工进度计划为主，可以清晰地表达工序间的逻辑关系，Project编制施工进度计划操作方法如表5-5所示。

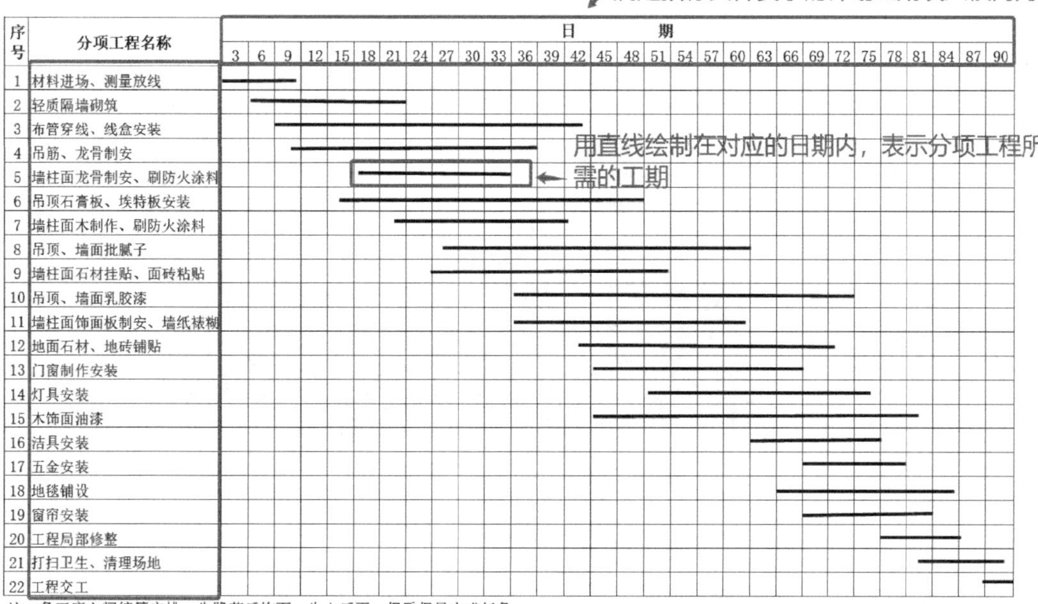


**图5-2　项目施工进度计划表**

**Project编制施工进度计划操作方法**　　**表5-5**

| 序号 | 内容 |
|---|---|
| 1 | 新建项目，设置项目开始日期 |
| 2 | 设定日历，把节假日定义为工作日 |
| 3 | 项目分解、添加任务名称 |
| 4 | 设定任务间的级别关系 |
| 5 | 设置任务工期 |
| 6 | 设定任务间的逻辑关系 |
| 7 | 检查工期是否满足招标文件要求，任务间的逻辑关系是否正确，调整表格 |
| 8 | 打印表格 |

（1）新建项目，设置项目开始时间：

新建Project文件，在工具栏的“项目”中，找到“项目信息”，填写“开始日期”，如图5-3所示。

（2）设定日历，把节假日定义为工作日：

Project工作时间一般为周一～周五，周六、周日为非工作时间，而建筑工程的特色是除了雨雪等极端天气或其他特殊情况外，一般工作时间基本上为每周7天，所以要把周六、周日改为工作时间，如图5-4所示。

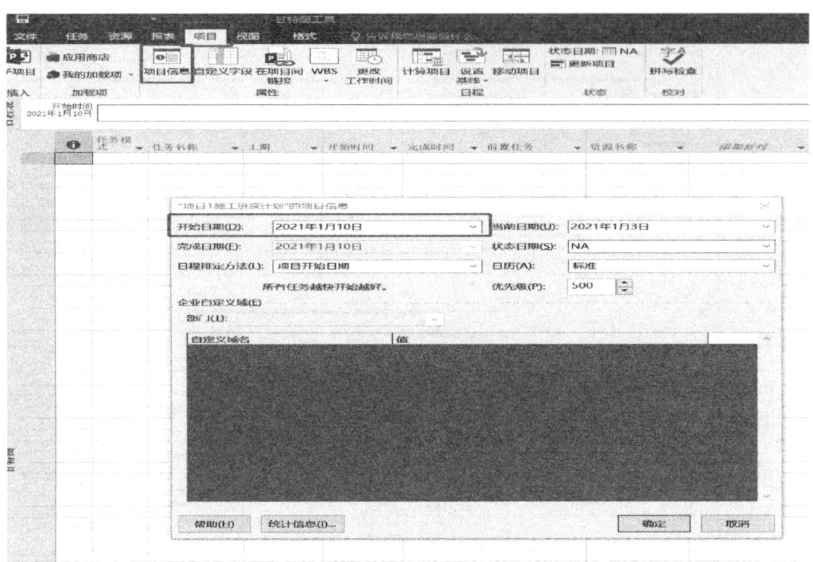


图5-3　新建项目

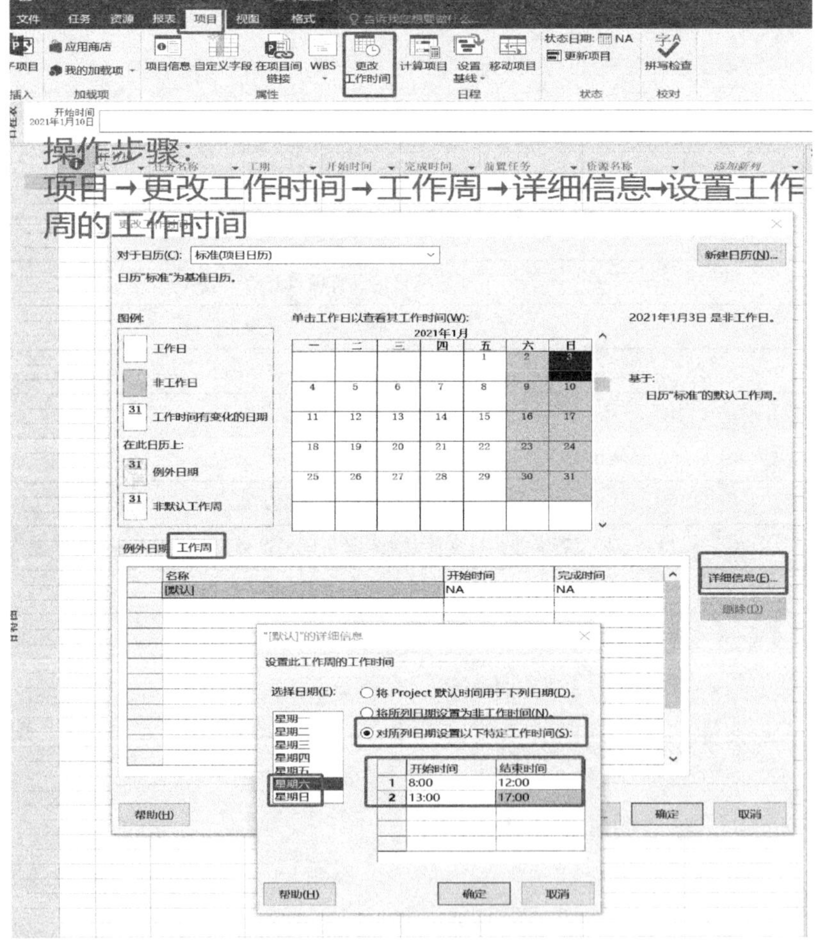


图5-4　更改工作时间

（3）项目分解、添加任务名称：

根据分部工程的逻辑顺序进行任务设置，添加任务名称，如基础工程、主体工程、装饰装修工程、设备安装工程、竣工验收等。再按照分部工程所包含的分项工程进行细分。如基础工程分为桩基础、土方开挖钎探验槽、垫层、地下防水卷材施工、地下室底板、地下室墙柱、地下室顶板、墙体防水卷材保护墙、回填土等，如图5-5所示。

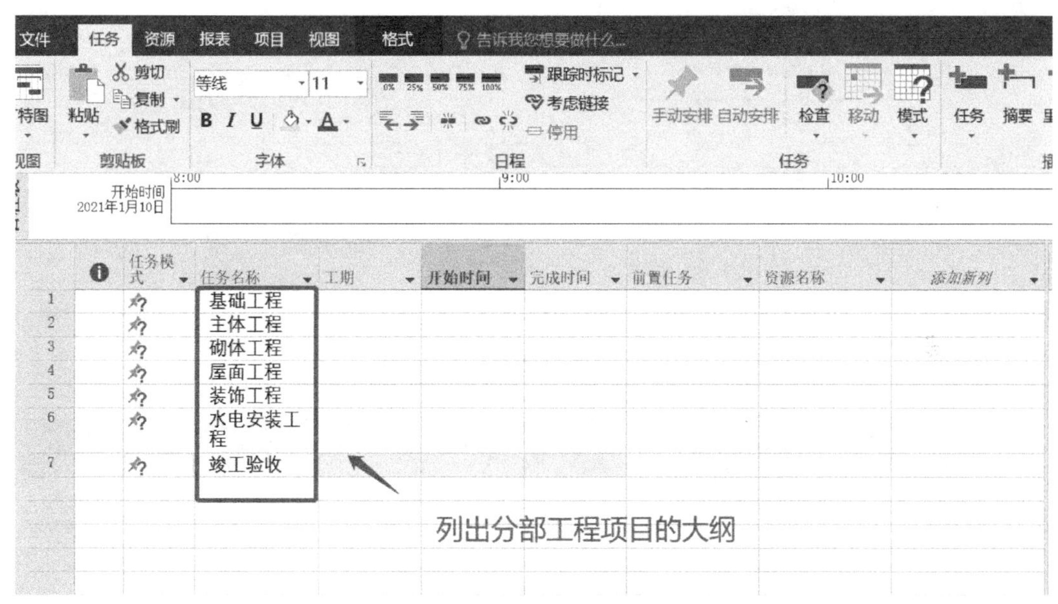


图5-5　添加任务名称

（4）设定任务间的级别关系：

在任务名称中，根据项目情况有的任务需要升级（移动到结构中的高一级），有的任务需要降级（移动到结构中的低一级）。如基础工程分为桩基础、土方开挖钎探验槽、垫层、地下防水卷材施工、地下室底板、地下室墙柱、地下室顶板、墙体防水卷材保护墙、回填土等，就需要把这些任务名称降级成为基础工程的子任务，如图5-6所示。

（5）设置任务工期：

在任务名称对应的工期栏内填入工期，如图5-7所示。

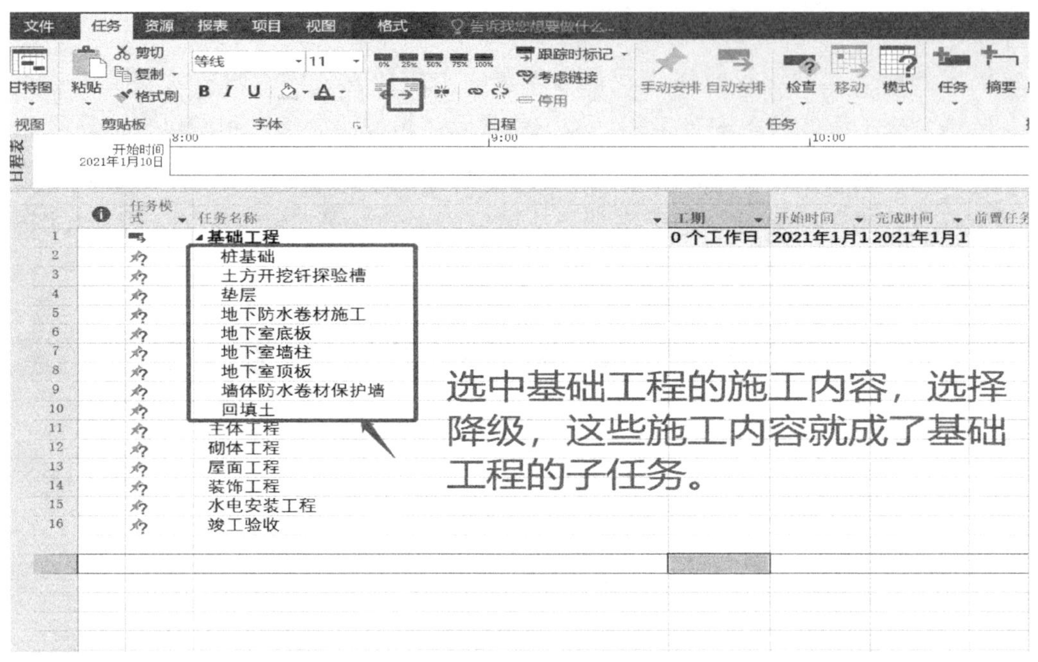


图5-6　设定任务间的级别关系

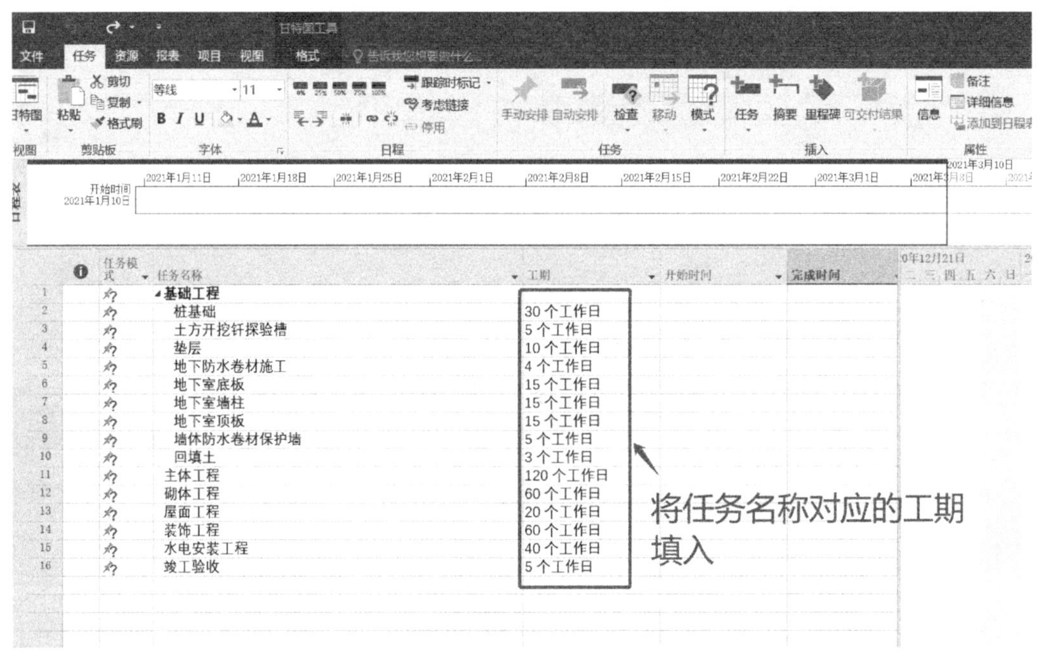


图5-7　设置任务工期

（6）设定任务间的逻辑关系：

当任务名称都已确定，就可以通过任务之间相关的逻辑关系将其链接排序。任务之间的链接关系一般包括但不限于以下几种：

①某个任务的开始时间必须在另一个任务完成之后，如装饰装修工程一般要等主体结构完成之后才能开始。

②两个任务叠加施工，某个任务完成一定的工作量或持续一段时间后，另一个任务可以具备施工条件进场施工。如土方开挖一定工作量后虽然没有全部开挖完成，但已完成部分可以给钎探工作提供工作面。

③某个任务完成一定时间后才能进行下一个任务。如混凝土浇筑后需要养护一段时间才能进行拆模，如图5-8～图5-10所示。

（7）检查工期是否满足招标文件要求、各任务间的逻辑关系是否正确，调整表格格式，完善表格内容。

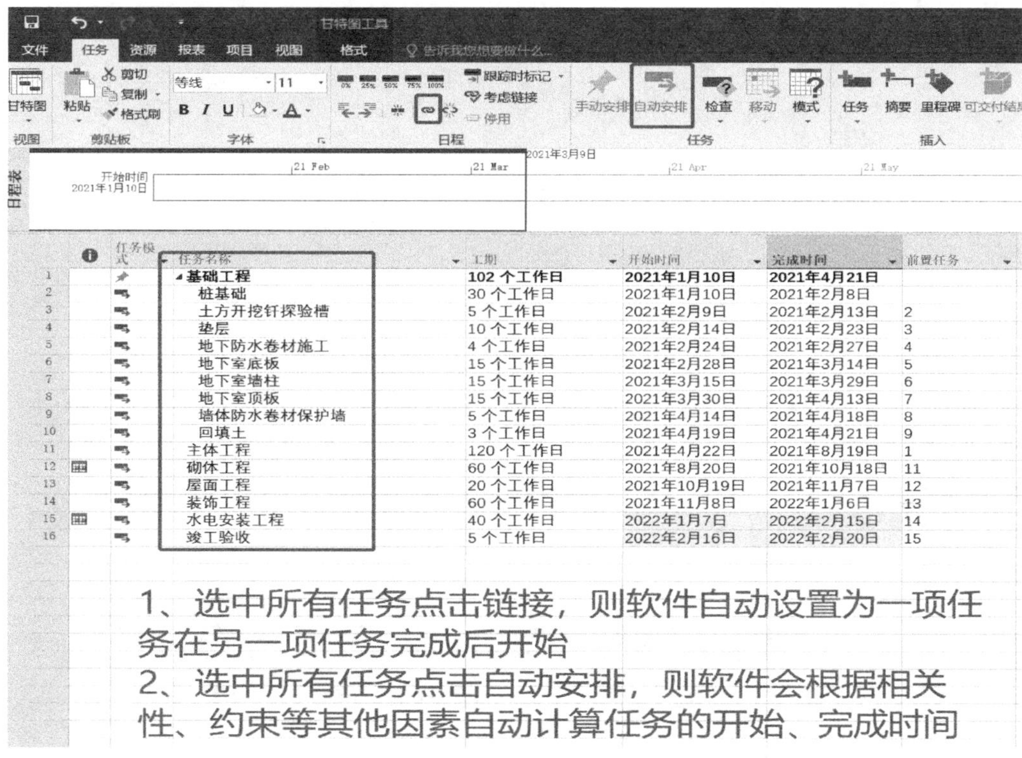

| | 任务名称 | 工期 | 开始时间 | 完成时间 | 前置任务 |
|---|---|---|---|---|---|
| 1 | 基础工程 | 102 个工作日 | 2021年1月10日 | 2021年4月21日 | |
| 2 | 桩基础 | 30 个工作日 | 2021年1月10日 | 2021年2月8日 | |
| 3 | 土方开挖钎探验槽 | 5 个工作日 | 2021年2月9日 | 2021年2月13日 | 2 |
| 4 | 垫层 | 10 个工作日 | 2021年2月14日 | 2021年2月23日 | 3 |
| 5 | 地下防水卷材施工 | 4 个工作日 | 2021年2月24日 | 2021年2月27日 | 4 |
| 6 | 地下室底板 | 15 个工作日 | 2021年2月28日 | 2021年3月14日 | 5 |
| 7 | 地下室墙柱 | 15 个工作日 | 2021年3月15日 | 2021年3月29日 | 6 |
| 8 | 地下室顶板 | 15 个工作日 | 2021年3月30日 | 2021年4月13日 | 7 |
| 9 | 墙体防水卷材保护墙 | 5 个工作日 | 2021年4月14日 | 2021年4月18日 | 8 |
| 10 | 回填土 | 3 个工作日 | 2021年4月19日 | 2021年4月21日 | 9 |
| 11 | 主体工程 | 120 个工作日 | 2021年4月22日 | 2021年8月19日 | 1 |
| 12 | 砌体工程 | 60 个工作日 | 2021年8月20日 | 2021年10月18日 | 11 |
| 13 | 屋面工程 | 20 个工作日 | 2021年10月19日 | 2021年11月7日 | 12 |
| 14 | 装饰工程 | 60 个工作日 | 2021年11月8日 | 2022年1月6日 | 13 |
| 15 | 水电安装工程 | 40 个工作日 | 2022年1月7日 | 2022年2月15日 | 14 |
| 16 | 竣工验收 | 5 个工作日 | 2022年2月16日 | 2022年2月20日 | 15 |



图5-8　设定任务间的逻辑关系（一）

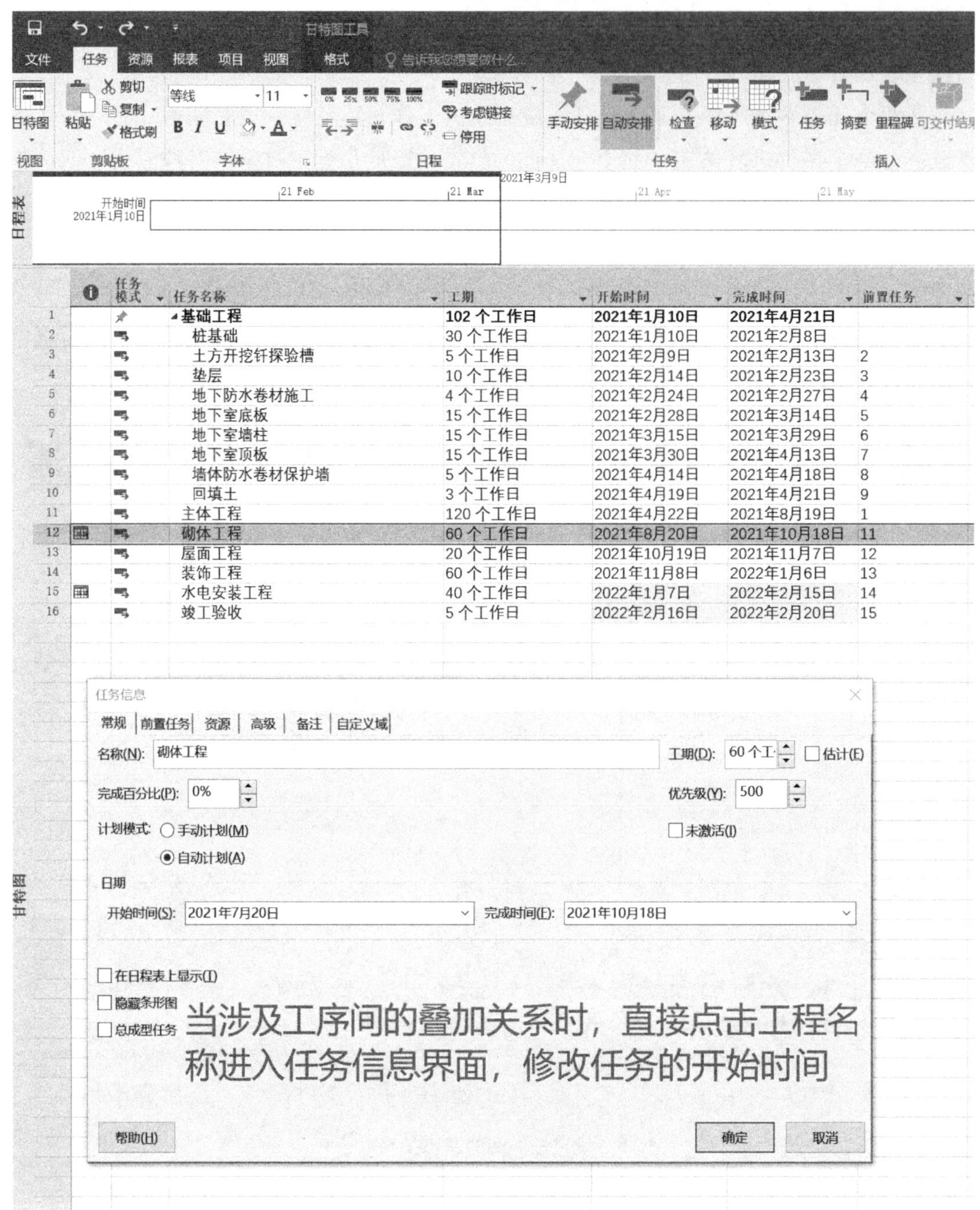


图5-9　设定任务间的逻辑关系（二）

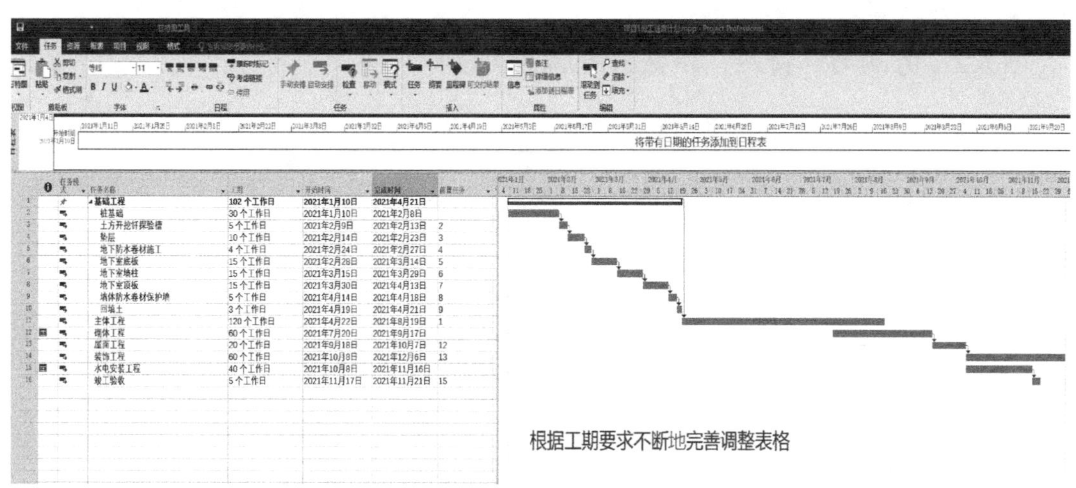


图5-10　设定任务间的逻辑关系（三）

# 5.6　劳动力、材料、机械计划应如何编写？

## 5.6.1　劳动力、材料、机械计划编制内容

劳动力、材料、机械计划编制内容详见表5-6。

劳动力、材料、机械计划编制内容　　表5-6

| 1 | 施工管理机构编制说明、主要施工管理人员表、项目部成员主要职责 |
|---|---|
| 2 | 施工劳动力计划、劳动力组织管理、劳动力保证措施等 |
| 3 | 材料供应计划、材料供应保证措施、材料品质保证措施、主要材料进场验收计划 |
| 4 | 机械设备投入计划、拟投入主要机械设备表、保证机械设备供应措施 |

1.劳动力计划编制内容

包括但不限于施工劳动力计划、劳动力安排保证措施、提高劳动生产率的措施、劳动力计划表、项目主要成员表、项目主要成员职责、本工程计划投入的劳动力配备等。

2.机械和材料计划编制内容

包括但不限于保证机械设备供应措施，机械配备表及机械供应计划，主要材料进场验收计划，材料供应措施，总体施工机械配备表，分阶段机械设备配备表，主要机械设备的性能参数表，主要机械设备图片，主要机械设备基础的设计、安装、拆除措施等。

### 5.6.2 劳动力、材料、机械计划编制方法

劳动力、材料、机械计划编制方法：

（1）按照工程量清单或者图纸配备相应的管理人员、技术工种、普工。

（2）按照工程量清单或者图纸配备相应的材料、机械进退场安排。

### 5.6.3 劳动力、材料、机械计划编制注意事项

（1）施工组织机构：可采用主要负责人的框架机构图，这样更真实，在投标中效果比较好。

（2）施工组织机构中主要管理人员简历表，要求将照片、身份证、学历及任职资格证明扫描后彩色打印出来，这样不但效果显得真实，也是单位实力的一种展示。

（3）劳动力组织：将各施工阶段的人数按工种用表格进行统计，制作出劳动力需求曲线，并将国家规定必须持证上岗的工人名单列表，在表中要反映出上岗人员的姓名、等级、发证机关、证件编号，本人的身份证号码。

（4）注意：如果标书是“明标”可以写明项目负责人的相关信息，如果是“暗标”则不能写明相关负责人的姓名、联系方式、公司名称等个人和企业相关信息。

## 5.7 环境保护措施、季节性施工措施

为了尽量避免或减弱施工对环境带来的负面影响，减少对环境的破坏，施工过程中需加强、重视对环境的保护工作，并根据投标项目的实际情况、气候条件和特征，紧密结合当地社会经济发展规划、环境保护、水土保持等规划及地方性政策标准，无条件地接受环境保护监测单位的指导和监督。

环境保护措施（声、光、尘、污等），一般包括环境保护组织体系，提供一个文明施工与环境保护保证体系框图；环境保护技术措施，从污染因素和保护措施方面编写，如水污染、噪声污染、固体粉尘污染、泥浆污染等污染因素防护措施；考虑竣工环境恢复及水土保持，以及丢弃渣土的处理措施等，结合项目实际情况编写。

季节性施工安全措施是针对特殊气候条件下，保证施工项目安全的重要措施之一。项目在季节性安全施工措施的编制、交底、落实方面存在的不足之处应在技术标中提供解决方案，一般会结合项目实际情况从大雨、大风、洪汛、高温、雷电及降温、大雪、霜冻等考虑雨期施工措施、冬期施工措施、炎热天气施工措施、防台风措施（沿海地区）等。

# 5.8　应急预案、安全方案编写

## 5.8.1　应急预案、安全方案的内容

能发生的高处坠落、坍塌、机械伤害、物体打击等事故的险作业工种、救援人员配备、应急救援人员电话、配备必场应急处理设备、安全生产事故报告流程、安全生产事故图，等等。

## 全方案流程

，成立以单位主要负责人为领导的应急预案编制工作组，

明定工作计划。

各种资料。

患排查、治理的基础上，确定本单位的危险源、可能发生

事故故风险分析并指出事故可能产生的次生事故，形成分析报

告，编制依据。

队伍等应急能力进行评估，并结合本单位实际加强应急能

力建

5

针照有关规定和要求编制应急预案。应急预案编制过程中，应注重，使得与事故有关人员均掌握危险源的危险性、应急处置方案和技能。应急预案充分利用社会应急资源，与地方政府预案、上级主管单位以及相关部门的预案相衔接。

6.应急预案评审、发布

应急预案评审由本单位主要负责人组织有关部门和人员进行。外部评审由上级主管部门或地方政府负责安全管理的部门组织审查。评审后，按规定报有关部门备案，并由生产经营单位主要负责人签署发布。

## 5.9 技术标编制实操案例

详见视频课程内容。

如何编制技术标（上） 如何编制技术标（下）

**如何编制技术标？**

# 第 6 章

# 投标注意事项

## 6.1 投标文件全流程注意事项

### 6.1.1 投标文件编制、修改

招标人一般根据《房屋建筑和市政工程标准施工招标文件》等相关模板编制招标文件，一般由投标函及投标函附录、已标价工程量清单、施工组织设计、资格审查资料等文件组成。投标人应根据招标文件提供的投标文件格式和内容按要求填写，标书制作人员不能自以为是，应避免出现少填、错填、多填的情况。

招标文件要求的投标文件的组成部分、评分标准条款中涉及的内容、投标人认为应当提交的其他内容等应结构完整、脉络清晰，方便评委审阅。为了方便评委快速地找到得分点，除了编制与得分点一一对应的目录以外，还可以编制评分标准索引，提高评委评标效率，无形中增加“印象分”。投标文件编写要求详见表6-1。

投标文件编写要求　　表6-1

| | |
|---|---|
| 1 | 用不褪色墨水书写或打印，字迹端正 |
| 2 | 投标文件应尽量避免涂改、行间插字或删除。如果出现上述情况，改动之处应由投标人的法定代表人或其授权的代理人签字或盖单位章 |
| 3 | 装订整齐，附件资料齐全，扫描件要清晰、不得涂改 |

《中华人民共和国招标投标法》中明确，在提交投标文件的截止时间前，可以补充、修改或者撤回已提交的投标文件，并书面通知招标人。由于对招标文件具体条款、内容的误解或遗漏，或者由于市场情况的变化等原因，投标企业在投标截止时间前对投标文件做必要的补充、修改，甚至撤回投标文件，法律上是允许的。投标截止时间以后，是不允许对投标文件做任何修改的，更不能撤回。补充或修改的内容都是投标文件的组成部分。

### 6.1.2 投标文件签署

投标文件经投标人盖章或者法定代表人签章的作用是确定投标文件是该投标人编制递交的，且在投标过程中对其所实施的行为应当承担法律后果。

招标人为了规范投标文件的签署，一般会在招标文件中的投标文件格式中给出指定的签署位置，投标人须按照招标文件要求签署，注意事项详见表6-2。

投标文件签署注意事项　　表6-2

| | |
|---|---|
| 1 | 单位法定代表人授权代理人签字的，投标文件应附授权委托书 |
| 2 | 研究招标文件，应明确是否允许用“投标专用章”等其他公章代替“投标单位公章” |
| 3 | 对投标文件的重要内容，如投标函、投标报价、投标偏离表和对投标文件的澄清等文件指定签署位置应重点关注 |
| 4 | 注意招标文件是否有要求“页签” |
| 5 | 骑缝章需将整本标书的所有页全部覆盖，确认正本、副本的标书侧面是否均应盖骑缝章 |

### 6.1.3 投标文件装订

投标文件装订是整个投标环节的“面子”工程，是投标人向评委展示自身实力的重要载体。投标文件应按照招标文件的要求装订，不同的招标文件对装订的要求是不同的。有些招标文件要求商务标和技术标分开装订，有的则要求商务标和技术标同册装订，有的招标文件禁止投标文件用可拆装工具装订，等等，比如招标文件要求胶装，投标人用活页方式装订很有可能导致废标。

投标文件装订时的注意事项详见表6-3。

投标文件装订注意事项　　表6-3

| | |
|---|---|
| 1 | 投标文件最终稿应该存成PDF格式，避免打印时可能会出现排版混乱 |
| 2 | 对投标文件目录内容检查，检查页码和内容是否一一对应 |
| 3 | 对投标文件排版检查：检查有无漏页、夹页、颠倒顺序、页面倒转的情况 |
| 4 | 投标文件数量（包括正本和副本份数）应符合招标文件的规定 |
| 5 | 投标文件一般采用无线胶装或精装方式，不建议采用活页（穿孔式、文件夹式等） |
| 6 | 考虑到评委翻阅的便利性，一般500页以内的标书单面打印，500页以外的标书双面打印 |

标书制作人员经常会遇到整套标书已经装订完成，领导临时修改投标内容的情况。这时需要找有经验的复印店工作人员，裁切掉原有内容，用同样的纸张打印出替代内容，用双面胶粘贴，再裁切掉纸张多余的部分。有时候来不及找外援，这种临时替换内容的技能也是成熟的标书制作人员必备的。

### 6.1.4　投标文件密封

投标人应按照招标文件的要求对投标文件进行密封。投标文件密封的好处是保护投标文件的内容在开标前不被泄露，可以保护投标人的投标报价及其他重要内容，也可以防止招标人在投标文件开启前泄露投标人的信息。

如果投标人未按照招标文件的要求密封投标文件，招标人可以拒绝接收其投标文件。

不同的招标文件对投标文件的密封要求也不尽相同，有的甚至差异性较大。通常招标文件要求的投标文件份数为正本一份、副本若干，对正本和副本的密封要求也不尽相同。有的招标文件要求正本与副本分开且单独密封；有的要求正本与副本单独密封后再用档案袋一起进行密封；有的要求密封袋上要有明显标识如贴密封条、封条签字盖章，甚至对签字盖章的位置还有具体要求等。投标人需要仔细核实标书的封装要求，避免标书被否决。

### 6.1.5　投标文件递交、接收

（1）注意招标文件的开标时间和开标地点，要提前到达开标现场。

（2）注意需要携带的开标资料：投标文件、招标文件需要携带的原件资料、授权委托书、样品等。

（3）开标前保护好投标文件，保证投标文件密封的完整性。

（4）注意对唱标过程中重点事项或要素进行记录。

（5）电子标开标时要注意携带CA密匙且一定要是制作投标文件时使用的CA密匙。

《中华人民共和国招标投标法》中规定，投标人应当在招标文件要求提交投标文件的截止时间前，将投标文件送达投标地点。投标人在投标截止时间以后提交投标文件将被拒绝。

参加开标会建议宜早不宜迟，要提前半个小时到达现场，不能耽误投标文件的提交。提前出发时要充分考虑交通阻塞或者其他异常情况的出现，以免给投标人带来无法挽回的损失。

投标人在招标文件要求提交投标文件的截止时间前，可以补充、修改或者撤回已提交的投标文件，补充、修改的内容为投标文件的组成部分。在投标实践中，有的投标人提前到达开标现场，观察其他投标人的文件，如果发现投标文件有要修改、补充的内容时也有时间做一些简单的调整。比如有些项目需要提供样品，投标人提前到达现场后，比较自己的样品和其他投标人的样品时发现缺少紧固件，立即从附近调货过来安装，尽管时间很紧，但是只要在开标前完成即可。

为了保证公平竞争，《中华人民共和国招标投标法》中规定，投标人应当在提交投标文件的截止时间前，将投标文件送达投标地点，对投标截止时间后送达的，招标人应当拒收。例如某招标文件规定投标截止期为某日上午10时，那么投标文件就必须在10时以前送达招标方，否则投标文件不予接受。如果只因为迟交了几分钟，投标人所做的一切努力就都白费了，这岂不是太可惜了吗？因此，投标人递交投标文件时要充分考虑到递交过程中可能发生的飞机误点、交通阻塞等意外情况，以免延误投标时间。投标文件递交时一定要留有充足的时间，保证按时送达指定地点。

## 6.2 如何确保投标文件实质性响应？

### 6.2.1 什么是实质性响应招标文件的要求？

实质性响应招标文件的要求，就是投标文件完全响应招标文件的实质性内容，没有明显的差异或者偏离。如果投标文件与招标文件的实质性要求不相符，招标人可以拒绝投标人修改或撤销其不符合要求的内容，拒绝该投标。

招标人需要将所有实质性响应条款体现在招标文件中，这些条款就是衡量投标人是否实质性响应的依据，除此之外不应有任何额外的要求和条件，不能为了某一投标人“量身定制”某些实质性响应条款，以此排斥其他投标人。

投标人必须完全按照招标文件的要求编写投标文件。如果投标人未按照招标文件的要求作出响应，或者作出不完全响应，或者对某些重要条款没有作出响应，或者这种响应与招标文件的要求存在重大偏差，这些都有可能导致投标人投标失败。

### 6.2.2 投标文件实质性响应应从哪些方面考虑？

《中华人民共和国招标投标法》第二十七条规定，投标人应当按照招标文件的要求编制投标文件。投标文件应当对招标文件提出的实质性要求和条件作出响应。但并未明确说明实质性条款的具体内容。

投标基本条件的实质性响应。《中华人民共和国招标投标法》第二十六条规定：投标人应当具备承担招标项目的能力；国家有关规定对投标人资格条件或者招标文件对投标人资格条件有规定的，投标人应当具备规定的资格条件。

资格证明文件是招标人和评标委员会评价投标人是否是合格投标人的重要依据。对于不同的招标项目，招标人对投标人提交资格证明文件的要求可能不同。投标人必须按照招标文件的要求提供所有的资格证明文件，不能有漏项。如超出营业执照经营范围、资格证明文件不全、投标文件没有法人代表签字或无法人代表有效委托书和相关身份证明等，没有满足招标文件的要求，那么该投标则有可能被拒绝。

《中华人民共和国标准设计招标文件》（2017年版）第3.7.2 条规定：投标文件应当对招标文件有关设计服务期限、投标有效期、发包人要求、招标范围等实质性内容作出响应。

所以实质性响应条款应当是指项目工期、质量、范围、技术标准等影响招标项目核心内容或招标效力的条款。投标文件的实质性响应应从以下几方面考虑：

1.特定条件的实质性响应

技术要求的实质性响应，是指投标文件只能满足或高于（正偏离）主要技术规范的要求，而不能低于（负偏离）主要技术规范的要求，否则不响应技术要求，会直接导致废标。

2.合同条款的实质性响应

是指招标人提出的合同条款是否完全响应。招标人在招标文件中一般都会给出合同专用条款，投标人需要完全响应合同专用条款的内容，以免中标后双方就合同条款“扯皮”。

3.质量保证期的实质性响应

质量保证期是一个很重要的指标，直接影响投标报价的高低，投标人需要完全响应质量保证期。

4.投标保证金的实质性响应

为了防止投标人在投标有效期内随意撤回自己的投标文件，或者反悔对招标文件所作出的响应和承诺，从而影响招标工作和对其他投标人带来损害，招标文件中都明确投标人要提交投标保证金。对投标保证金，按照招标文件提供的账户信息汇款或开好汇票、银行保函，投标前或投标现场交给招标人。

5.联合体投标的实质性响应

除非该项目的招标文件明确规定不接受联合投标，否则就可以视为招标人接受联合投标。

6.投标报价的实质性响应

投标报价应按照招标文件规定的格式进行，报价内容不能有重大缺漏，如投标函格式，开标一览表中所要求的价格、工期、质保期等内容是否均已填写，报价明细表中的公开报价、折扣、汇率、人民币报价格式等是否按要求填写。

7.投标有效期的实质性响应

投标人在投标时必须满足招标人的投标有效期要求，在投标有效期内，对招投标双方均具有约束力。

8.投标截止时间的实质性响应

在投标截止时间后递交的投标文件会被招标人拒绝。

9.投标文件密封性的实质性响应

必须按要求对投标文件进行密封。

10.废标或无效投标条款的实质性响应

必须按要求响应招标文件有关废标或无效投标的条款。

11.交货（工期）时间的实质性响应

投标文件载明的招标项目完成期限不能超过招标文件规定的期限；必须按招标文件中规定的交货时间作出响应。

12.其他实质性响应

投标文件载明的货物包装方式、检验标准和方法等须符合招标文件的要求。

### 6.2.3 投标人作出实质性响应的有效方法

对招标文件的要求作出完全的实质性响应，关系到投标人是否会被废标，需要投标人对招标文件仔细推敲才有可能顺利中标。投标人作出实质性响应的有效方法详见表6-4。

**投标人作出实质性响应的有效方法** 表6-4

| | | |
|---|---|---|
| 1 | 研究 | 专业做标书的商务、技术人员，分别研究招标文件所有实质性响应条款，群策群力，避免闭门造车，提高效率 |
| 2 | 咨询 | 招标文件模糊的内容，可以用书面的方式咨询招标人，完全响应的标准是什么？怎样达到完全响应的标准？可以要求他们作出肯定的答复 |
| 3 | 交流 | 与同行交流投标经验，了解同行未实质性响应的错误原因，自己在投标过程中如何避免 |
| 4 | 学习 | 参加招投标培训班、业务知识讲座、研讨活动等，不断学习，增加自己的中标率 |

### 6.2.4　招标人避免未实质性响应的方法

对于招标人来说，如果潜在投标人因未实质性响应标书导致项目整体废标，不但增加招标成本，也延长了项目工期，因此招标人应尽量避免投标人出现未实质性响应标书的情况。

1.招标文件应当以显著方式明确实质性响应条款

由于建设工程招投标的复杂性，建设工程招标文件动辄几百页。以住房和城乡建设部发布的《房屋建筑和市政工程标准施工招标文件》（2010年版）为例，其篇幅就达219页，如果招标人添加项目具体内容，最终版本的篇幅将会更多。

投标时间紧、任务重，很多标书制作人员在面对几百页的招标文件时找不到重点。如果不把实质性条款以显著方式列明，投标人极有可能遗漏相关条款导致废标。因此，在招标文件中用特殊符号或者是加黑、加粗字体等显著方式注明实质性响应条款，提醒投标人注意，避免出现废标的情况。

2.招标文件未明确条款，评委不应作为未实质性响应条款

在实践中，招标文件对实质性响应条款已明示，但仍可能出现不在招标文件规定的实质性响应条款内，评委根据经验或常识认为投标文件非实质性响应招标文件，导致废标的情况出现。

比如招标文件的实质性响应条款内并没有“投标文件必须加盖骑缝章”，但是评委评标时却认为该投标文件未实质性响应招标文件，从而认定该投标无效。

为提高招标效率，避免招标文件理解的歧义，评标时“实质性响应”的界定范围应当严格限制在招标文件明确的范围内。如果招标文件并未将某条款列为实质性响应条款，则评标时不应随意扩大实质性响应条款的界限，认定投标文件未作实质性响应。

## 6.3　如何建立投标文件审核模板?

投标是投标人相互之间的一场场大比拼，大家拼实力、拼策略、拼运气……往往因一个不起眼的小细节，让整个团队几个月的成果毁于一旦。因此，投标文件的检查也成了投标中至关重要的一环。从商务角度出发，投标文件究竟应如何检查呢?

### 6.3.1　投标文件检查内容

1.封面检查内容

（1）检查项目名称与项目编号：封面项目名称、项目编号是否与投标文件内容一致，涉及多标段投标的，要关注标段编号是否一致。

（2）封面格式是否按照招标文件要求的格式填写，避免文字打印错误。

（3）检查封面投标单位名称与投标报名时的单位名称是否相符。

（4）检查封面法人章和单位公章是否齐全。

（5）检查封面投标日期是否符合要求。

（6）招标文件要求提供的电子光盘或U盘是否按照要求导入，并确认在电脑上可以打开，光盘或U盘密封袋（条）上要求写明的内容信息是否正确，并粘贴牢固。

2.目录检查内容

（1）检查目录内容与招标文件中投标文件组成及评分标准等内容是否一一对应。

（2）检查目录顺序是否与招标文件要求一致。

（3）检查目录编号、标题、页码是否与投标文件内容、标题、页码一一对应。

（4）检查页码的起始页是否正确，是否有重页或缺页。

3.投标书检查内容

（1）投标单位名称、招标单位名称、代理机构名称是否与招标文件一致。

（2）投标函格式、项目名称、项目编号是否与招标文件一致。

（3）投标函报价金额大小写是否相同，是否与工程项目投标报价汇总表内容一致。

（4）投标函所示工期、质量是否满足招标文件要求。

（5）投标函日期是否正确，是否与封面日期一致。

（6）招标文件要求逐条承诺的内容是否已经逐条承诺。

（7）授权委托书是否有法人签字、委托代理人签字，是否附法人身份证、委托代理人身份证，是否盖单位公章，要求委托书公正的是否有公正单位出具的公证书。

（8）营业执照、资质证书、安全生产许可证等招标文件要求提供的证书是否齐全并满足招标文件要求。

（9）重合同守信用证书、AAA证书、ISO 9000系列证书是否齐全。

（10）投标人近年来从事过的类似工程主要业绩是否满足招标文件要求。

（11）投标人财务审计报告是否齐全，数字是否准确、清晰。

（12）投标人提交的优质工程证书是否与业绩相符，是否符合招标文件要求。

（13）复印完成后的投标文件如有改动或抽换页，其内容与上下页是否连续。投标文件是否有缺页、重页、倒装、涂改等错误。

（14）一个工程项目同时投多个标段时，共用部分内容是否与所投标段相符。

4.投标报价检查内容

（1）工程项目投标报价汇总表、单项工程投标报价汇总表、单位工程投标报价汇总表、分部分项工程量清单计价表、措施项目清单计价表、其他项目清单计价表等是否按照招标文件要求填写，投标单位、编制人、审核人是否按照规定签章。

（2）工程项目投标报价汇总表、单项工程投标报价汇总表、单位工程投标报价汇总表、分部分项工程量清单计价表、措施项目清单计价表、其他项目清单计价表等表格、工程数量是否与招标工程量清单一致，报价累计金额是否正确，有无计算上的错误。

（3）工程量清单综合单价分析表中综合单价是否合理，有无过高或者过低的综合单价，如有需要分析原因，人工、材料、机械价格是否合理，避免产生不平衡报价导致废标。

如投标报价采用Excel表格报价时，工程量清单报价要核实数量乘以单价是否等于合价。

5.技术标检查内容

（1）总工期是否满足招标文件要求，计划开竣工日期是否符合招标文件中工期安排与规定。

（2）质量目标与招标文件及合同条款要求是否一致。

（3）主要技术及管理负责人简历、经历、年限等是否满足招标文件要求。

（4）项目组织机构图中各岗位专业人员是否符合招标文件要求；各岗位专业人员的人员证书、简历、社保等是否齐全，有无缺项。

（5）劳动力、材料计划及机械设备、检测试验仪器表是否齐全，是否按照招标要求编制进场计划。

（6）施工方法和工艺的描述是否符合现行设计标准。

（7）安全目标是否符合招标文件要求，安全保证技术措施是否完善。

（8）环境保护措施是否完善，是否符合环境保护相关法规，文明施工措施是否明确、完善。

### 6.3.2　封装、签字和盖章检查

（1）检查投标文件的份数：根据招标文件的要求，检查投标文件是否标明正本和副本、正本和副本的份数，还需注意要求提供的电子版内容和份数是否满足要求。

（2）检查封装方式及密封纸张：封装方式、密封纸张是否按照招标文件要求。

（3）检查封装袋封面：是否按照内封、外封要求填写信息，投标文件的项目编码与名称是否正确，是否正副本分开包装；正副本先内封再外封为一包的，内封是否加盖正副本章；正副本分开装的，封装袋外是否加盖正副本章；封装袋外是盖密封章还是盖单位公章，一定要分清楚，不能错。

### 6.3.3 开标现场文件资料准备

（1）将开标的时间地点以及需要携带的资料目录整理后打印出来，方便开标人在出发前做最后的核对。

（2）委托代理人授权委托书原件、身份证原件是否携带。

（3）投标人营业执照、资质证书、安全生产许可证复印件盖鲜章或原件是否携带。

（4）主要人员证书原件是否携带（招标文件没有要求的就不需提供）。

（5）类似工程业绩合同、交竣工验收证书原件是否携带（招标文件没有要求的就不需提供）。

（6）重要的机械设备购置发票原件是否携带（招标文件没有要求的就不需提供）。

（7）投标保证金银行回执单或者招标单位开具的收款收据原件是否携带。

（8）要求项目经理到场开标的，安排好项目经理本人按时参加，并携带好身份证原件和执业资格证书原件。

（9）招标文件要求开标时需准备的其他资料。

### 6.3.4 投标文件检查模板

标书制作人员检查标书时，一般根据投标文件检查的内容，采用自检+互检的方法检查，标书制作人员自己检查一遍，标书审核人员再审查一遍，并且要把检查内容落实到书面，且标书制作人员和审核人员共同签字确认后标书才可以送出，这样把责任落实到个人，可以避免相互推诿“扯皮”，提高标书编制审核人员的责任心，降低出错的概率。

1.自检

自检时很多人喜欢用眼睛一行一行的扫视投标文件，这样速度很快，但是目光经常从第一行扫视到第四行，然后发现自己没有看到重点，或者没有走心。要么浪费时间从头检查，要么追求速度、直接跳到后面的内容。

那么自检比较好的方法是什么呢？

首先要给自己留有充分的检查时间。如果是刚做完的标书马上就要封标，做标书时已经竭尽全力、头昏脑涨，思维还沉浸在标书中，很难自己发现错误，最好是留有充分的时间让自己跳出固有思维，用审查挑刺的眼光检查。

其次不要指望某个专家、某个老师靠他们的经验检查标书，而是应该建立标准的检查流程，让每个人都能够按照流程检查。标书检查模板详见表6-5，把重要的内容逐句默读，条件允许时就朗读出来，这样逐字逐句地默读不会有遗漏，另外默读时注意力集中，一旦发现关键信息与招标文件不相符或者有错别字时可以及时改正。

2.互检

标书制作人员经常发现自己编制的投标文件，自己反复检查很多遍也不会发现错误，但是领导或者同事看一眼立刻就能挑出问题，让人瞬间警醒：还好这个问题看出来了，不然可能就要废标了。所以标书检查时互检环节非常重要，需要多几个人把关，出错的概率会极大的降低。互检时需要有经验的标书审核人员根据投标文件检查模板，逐一对应检查项，确定无误后方可签字确认封标。

**检查投标文件**　　**表6-5**

| 项目名称： | | | 日期： | |
|---|---|---|---|---|
| 序号 | 检验内容 | 检验方法 | 确认 | 备注 |
| 一 | 投标文件 | | | |
| 1 | 项目编号与名称 | 投标文件项目编号与名称是否正确 | □ | |
| 2 | 投标人名称 | 投标人名称与营业执照、资质证书、银行资信证明等证明证书是否一致 | □ | |
| 3 | 投标文件排版 | 检查文本格式、字体、行数、图片是否模糊歪斜，是否按招标文件要求编辑 | □ | |
| 4 | 投标文件目录 | 投标文件目录是否完整，页码是否更新 | □ | |
| 5 | 投标文件的完整性 | 对照目录逐项检查 | □ | |
| 6 | 投标内容 | 符合招标文件规定 | □ | |
| 7 | 页码、页眉、页脚 | 有无重页和缺页 | □ | |
| 8 | 报价 | 注意货币单位；<br>只能有一个有效报价（按招标文件要求提交备选投标方案的除外）；<br>投标报价未高于最高投标限价；<br>纸质版、电子版、上传版应保持一致 | □<br>□<br>□ | |
| 9 | 预算书 | 预算书符合招标文件“预算书”的范围、数量，符合清单/预算编制的要求 | □ | |
| 10 | 资质文件检查 | 顺序及完整性检查，有无复印不清楚或歪斜，检查证明材料是否齐全 | □ | |
| 11 | 营业执照、资质、质量认证证书、安全生产许可证 | 有合格的营业执照，且经营范围与招标项目一致，注册资金和资质符合法律法规和招标文件要求 | □ | 注意检查是否过期 |

续表

| 项目名称： | | | 日期： | |
|---|---|---|---|---|
| 序号 | 检验内容 | 检验方法 | 确认 | 备注 |
| 12 | 总工期 | 总工期（总进度）响应、权利义务响应符合招标文件要求 | □ | |
| 13 | 投标有效期 | 投标有效期符合招标文件要求 | □ | |
| 14 | 偏差表 | 没有招标方不能接受的偏差内容 | □ | |
| 15 | 项目经理资格 | 满足法律法规及招标文件要求 | □ | 1.是否在有效期内；<br>2.专业、业绩是否符合要求 |
| 16 | 施工业绩 | 满足招标文件要求 | □ | |
| 17 | 工期（关键节点） | 符合招标文件规定 | □ | |
| 18 | 工程质量 | 符合招标文件及合同规定 | □ | |
| 19 | 技术标准和要求 | 符合招标文件“技术标准和要求”规定 | □ | |
| 20 | 其他否决其投标条件 | 没有法律法规和招标文件规定的其他否决其投标的内容 | □ | |
| 二 | 分项检查 | | | |
| 1 | 开标文件 | 按照投标函格式要求逐页检查是否响应、漏页；<br>投标函中投标金额大小写检查；<br>单价与总价金额是否正确；<br>其他 | □<br>□<br>□<br>□ | |
| 2 | 投标保证金 | 投标保证金是否符合要求，金额是否符合要求 | □ | |
| 3 | 商务部分 | 商务部分格式是否符合要求，逐页检查是否响应、漏页；<br>商务标书完整性检查；<br>商务标书资质证书是否在有效期内；<br>检查企业资质是否齐全、有无过期；<br>检查投标人员信息、证件对应；<br>其他 | □<br>□<br>□<br>□<br>□<br>□ | |
| 4 | 技术部分 | 技术部分格式是否符合要求，逐页检查是否响应、漏页；<br>施工主要机械安排；<br>施工范围、施工概况；<br>施工组织方案、现场组织机构；<br>安全保障体系及措施；<br>质量保障体系及措施；<br>施工总平面布置；<br>施工网络进度计划；<br>项目经理情况；<br>主要技术负责人情况；<br>主要劳动力组织计划；<br>其他 | □<br>□<br>□<br>□<br>□<br>□<br>□<br>□<br>□<br>□<br>□<br>□ | |

续表

| 项目名称: | | | 日期: | |
|---|---|---|---|---|
| 序号 | 检验内容 | 检验方法 | 确认 | 备注 |
| 5 | 电子光盘 | 按照招标文件要求检查所需导入的文件，三台电脑是否都可以读取;<br>光盘正面填写信息是否正确 | □<br>□ | |
| 三 | 投标文件封装和签字、盖章 | | | |
| 1 | 法定代表人签字和授权代表签字（盖章）检查 | 每页检查有无签字和盖章、签字是否正确，是否和授权人相符 | □ | |
| 2 | 封装方式及密封纸张检查 | 检查封装方式、封装纸张是否按照招标文件要求 | □ | |
| 3 | 封装包检查 | 是否按要求封装（正副本是否分开）;<br>封装包数量___包 | □<br>□ | |
| 4 | 投标文件份数 | 根据招标文件要求，检查投标文件是否写上正本和副本，标书要求是___正___副（电子版___份） | □ | |
| 5 | 项目编号与名称 | 投标文件项目编号与名称是否正确 | □ | |
| 6 | 人员名称 | 授权委托人、投标人名称 | □ | 身份证是否过期 |
| 8 | 密封袋封面 | 是否按照内封、外封要求填写信息 | □ | |
| 9 | 签字、盖章检查 | 检查投标文件内需签字、盖章处是否签字、盖章 | □ | |
| 10 | 密封袋（暗本）特殊要求检查 | 检查招标文件对暗包的特殊要求 | □ | |
| 四 | 文件签署 | | | |
| 1 | 文件签署 | 投标函未加盖单位公章或无法定代表人（或委托代理）人签字的 | □ | |
| 2 | | 其他投标文件未加盖单位公章或无法定代表人（或委托代理人）签字的 | □ | |
| 3 | | 如由委托代理人签字的，未附法定代表人授权委托书的 | □<br>□ | |
| 4 | | 法定代表人授权委托书未加盖单位公章和法定代表人签字的 | □ | |
| 5 | | 投标文件使用“投标专用章”替代“单位公章”，缺少“投标专用章”具备同等效力证明文件的 | □ | |
| 6 | | 投标文件未按规定的格式填写，内容不全或关键字迹模糊、无法辨认的 | □ | |
| 7 | | 是否加盖骑缝章，骑缝章是否覆盖每页 | □ | |
| 8 | 密封袋封面 | 是否按照内封、外封要求填写信息 | □ | |
| 9 | 签字、盖章检查 | 检查投标文件内需签字、盖章处是否签字、盖章 | □ | |

续表

| 项目名称： | | | 日期： | |
|---|---|---|---|---|
| 序号 | 检验内容 | 检验方法 | 确认 | 备注 |
| 五 | 开标现场准备文件 | | | |
| 1 | 委托人身份证原件、授权委托书 | 是否携带 | □ | |
| 2 | 投标文件递交登记表 | 是否携带 | □ | |
| 3 | 投保保证金递交函原件 | 是否携带 | □ | |
| 4 | 无行贿犯罪记录告知函 | 是否携带 | □ | |
| 5 | 基本户开户许可证复印件或原件 | 是否携带 | □ | |
| 6 | 开标时间地点 | 是否通知 | □ | |
| 标书检验结果：<br>A、可以送出 □<br>B、重新修改 □ 修改原因： | | | | |

## 6.4 投标过程中如何避免废标？

招投标过程中，投标人递交的每一份标书都凝聚着标书编制人员的心血，而且准备过程中往往耗费了不小的财力，因此投标人都很重视每一次的投标。废标基本上是所有标书制作人员的梦魇，每个标书编制人员都有一部被废标的“血泪史”，它意味着投标人还未参与到实质性的竞争就“出师未捷身先死”。所以投标编制人员的小目标是可以不中标，但是一定不能被废标。

### 6.4.1 废标

《工程建设项目施工招标投标办法》（国家发展计划委员会等七部委令2003年第30号）第十九条规定：“经资格预审后，招标人应当向资格预审合格的潜在投标人发出资格预审合格通知书，告知获取招标文件的时间、地点和方法，并同时向资格预审不合格的潜在投标人告知资格预审结果。资格预审不合格的潜在投标人不得参加投标。经资格后审不合格的投标人的投标**应作废标处理**”；第三十七条规定：“投标人不按招标文件要求提交投标保证金的，该投标文件将被拒绝，作**废标**处理”；第五十条规定：“投标文件有下列情形之一的，由评标委员会初审后按**废标**处理。”

此处的**废标**是指某投标文件不符合招标文件的实质性条款而被评标委员会**废弃**，失去了参加下一个阶段评审的资格。这里的**废标**是针对投标人的，也就是实践中经常听到的“我的标被废了”“我投的标是废标”等说法。但是在《中华人民共和国招标投标法》及《中华人民共和国招标投标法实施条例》中，均无**废标**的说法。

《关于废止和修改部分招标投标规章和规范性的决定》(〔2013〕年第23号令）中把**废标**去除，以**否决投标**取代，既响应了《中华人民共和国招标投标法》中**否决投标**的表述，又与《中华人民共和国政府采购法》中的**废标**作出区分。

例如，《工程建设项目施工招标投标办法》中第十九条中的“**应作废标处理**”修改为“**应予否决**”。

五十条第二款修改为：

有下列情形之一的，评标委员会应当**否决其投标**：

（一）投标文件未经投标单位盖章和单位负责人签字；

（二）投标联合体没有提交共同投标协议；

（三）投标人不符合国家或者招标文件规定的资格条件；

（四）同一投标人提交两个以上不同的投标文件或者投标报价，但招标文件要求提交备选投标的除外；

（五）投标报价低于成本或者高于招标文件设定的最高投标限价；

（六）投标文件没有对招标文件的实质性要求和条件作出响应；

（七）投标人有串通投标、弄虚作假、行贿等违法行为。

### 6.4.2　常见的废标情形

根据《房屋建筑和市政工程标准施工招标文件》(2010年版）相关条款，废标的情形有：

(1）投标人在递交投标文件的同时，应按招标文件规定的金额、担保形式以及规定的投标保证金方式递交投标保证金，联合体投标的，其投标保证金由牵头人按招标文件的规定递交，投标人不按招标文件规定提交投标保证金的，其投标文件作废标处理。

(2）未进行资格预审的项目投标人须按招标要求提供有关证明和证件的原件，有一项不符合评审标准作废标处理。

(3）投标人串通投标或弄虚作假或有其他违法行为的，其投标作废标处理。

(4）投标人不按评标委员会要求澄清、说明或补正的。

(5）投标报价有算术错误的，评标委员会按招标文件要求进行修正，投标人不接受修正价格的，其投标作废标处理。

(6）投标人的报价明显低于其他报价，或明显低于标底使得其投标报价可能低于成本的，且不能合理说明或者不能提供相应证明材料的，由评标委员会认定该投标人以低于成本报价竞标，其投标作废标处理。

（7）采用综合评估法的评标办法内列明的全部评审因素和废标条款，投标人不满足要求的，其投标作废标处理。

投标文件避免废标应注意的事项详见表6-6。

投标文件避免废标应注意的事项　　表6-6

| | |
|---|---|
| 1 | “投标人基本情况表”应附投标人营业执照副本及其年检合格的证明材料、资质证书副本和安全生产许可证等材料的复印件 |
| 2 | “近年财务状况表”应附经会计师事务所或审计机构审计的财务会计报表，包括资产负债表、现金流量表、利润表和财务情况说明书的复印件，具体年份按照招标文件的要求 |
| 3 | “近年完成的类似项目情况表”应附中标通知书和（或）合同协议书、工程接收证书（工程竣工验收证书）的复印件，具体年份按照招标文件的要求 |
| 4 | “正在施工和新承接的项目情况表”应附中标通知书和（或）合同协议书复印件 |
| 5 | “近年发生的诉讼及仲裁情况”应说明相关情况，并附法院或仲裁机构作出的判决、裁决等有关法律文书复印件 |

# 第 7 章

# 投标人常用的报价策略

投标报价策略是投标人在投标过程中的主要指导思想，决定了参与某个项目投标的方式与手段。对于不同类型的项目、不同地区的项目、不同参与度的项目，投标人面临的机会与威胁、自身的优势与劣势、潜在竞争对手的优势与劣势都不相同，因此同一投标人对每个项目的投标报价策略也会有所不同。

## 7.1 投标报价原则

### 7.1.1 报价原则

投标报价根据企业的投标策划，需经历询价、估价、报价三个阶段。一般情况下，在总价基本确定后，技巧的运用关键是如何调整各个子目的报价，达到既能提高中标概率，又能在竣工结算时得到良好的经济效益，巧妙地化险为夷和进一步加快其资金回笼的目的。

清单报价采用“量价分离”的原则，要求投标人根据招标人提供的统一的工程量清单和拟建项目情况的描述要求，结合项目、市场、风险以及企业的综合实力自主确定报价的计价模式，其实质内容是“统一量、指导价、竞争费”，所以投标报价应遵循以下原则：

1.合理报价的原则

通过分析业主、竞争对手、企业综合实力等因素，结合项目实际情况确定其合理的报价。报价规律为：**合理的成本加造价管理部门发布的指导利润。**

2.合理低价的原则

投标的目的是为了顺利中标，获得相应的利润。投标人为了中标可以适当地降低利润，给出有竞争力的报价，但并不是无利可图的报价。精确地核算企业成本，保持微利润合理低价，既可以提高中标率，又能避免恶性竞争、降低企业信誉度。报价规律为：**具有竞争性的成本加低于造价管理部门发布的指导利润。**

3.低价中标、高价索赔原则

投标人为了中标或者出于某种策略考虑，采用低价投标先确保中标，中标后既可以向管理要效益，也可以通过索赔等方式取得投标时无法取得的利润。报价规律为：**具有竞争性的成本加微利润或低于成本价。**

### 7.1.2 投标策略的类型

投标报价策略解析（上）

招投标过程中，如何运用以长制短、以优制劣的策略和技巧，关系到能否中标和中标后的效益。一般情况下，投标策略有以下几种：

（1）高价赢利策略。在报价过程中以较大利润为投标目标的策略。这种策略的使用通常基于以下几种情况：

①施工条件差；专业要求高、资金支付条件不好、技术密集型工程，而投标人在此方面有特长以及良好的声誉；

投标报价策略解析（中）

②总价较低的小工程，投标人不是特别想承接此项目，报价较高，不中标也无所谓；

③特殊工程，需要特别设备；

④招标人要求很多且工期紧急的工程，可增收加急费；

⑤竞争对手少的项目；

⑥不想中标，为其他同行伙伴作嫁衣的项目。

投标报价策略解析（下）

（2）微利保本策略。以竞争为手段开拓市场，在报价过程中降低甚至不考虑利润。这种策略的使用通常基于以下几种情况：

①近期经营状况不景气、长时间未中标，希望拿下一个项目维持日常费用，可以维持开支；

②试图进入新的地区，开拓新的工程类型；

③本企业在项目附近有其他项目正在施工，各种资源可以统筹调配；

④项目工作内容较为简单，工作量大，但一般公司都可以做，如一般的装修工程；

⑤有可能在中标后，将工程的一部分以更低价格分包给某些专业承包商。

（3）低价亏损策略。这种策略以克服生存危机为目标，在报价中不考虑风险费用，这是一种冒险行为。如果风险不发生，即意味着投标人的报价成功；如果风险发生，则意味着投标人要承担极大的风险和损失。使用该投标策略时应注意：一是招标人肯定按照最低价确定中标单位；二是这种报价方法属于正当的商业竞争行为。这种报价策略通常只用于：

①市场竞争激烈，投标人又急于打入该市场创建业绩；

②某些分期建设工程，对第一期工程以低价中标，工程完成的好，则能获得招标人信任，希望后期工程继续承包，补偿第一期低价损失。

### 7.1.3　投标报价的主要策略

投标人报价时一般结合项目特点、企业自身的优势和劣势、竞争对手状态等因素选择报价策略。在实践中经常出现某些投标人为了进入某市场或承接某业主项目而低于成本价中标，然后利用对接项目的机会，了解业主的其他项目需求，制定针对性解决方案，承揽其他业务，第一次的低价中标相当于“敲门砖”的作用。

1.报高价的情况（表7–1）

**报高价的情况**　　表7-1

| | |
|---|---|
| 1 | 施工条件差、难度高的项目，如场地狭窄、地处闹市的工程 |
| 2 | 施工要求高的技术密集型工程，而本企业在这方面有专长，声誉较高 |
| 3 | 工程项目体量小、施工内容多，以及投标人不愿做而被邀请投标的工程 |
| 4 | 特殊工程，如港口码头工程、地下开挖工程等 |
| 5 | 招标人对工期要求急的工程 |
| 6 | 投标竞争对手少的工程 |
| 7 | 对工程质量要求严苛的项目 |
| 8 | 工程款支付条件不好的工程 |
| 9 | 投标人在该地区已经打开局面，施工能力饱和，信誉度高，具有技术优势并对招标人有较强的品牌效应，投标人目标主要是扩大影响 |

2.报低价的情况（表7-2）

报低价的情况　　表7-2

| | |
|---|---|
| 1 | 施工条件好、难度低的项目 |
| 2 | 施工内容简单、工作量大而一般公司都可以做的工程 |
| 3 | 投标人急于进入新的地区，开拓新的工程类型，或在该地区项目已结束，机械设备急需转移安置 |
| 4 | 招标人对工期要求不急的工程 |
| 5 | 投标竞争对手多的工程 |
| 6 | 工程款支付条件好的工程 |

投标报价以竞争为手段，以开拓市场、低盈利为目标，在精确计算成本的基础上，充分预估各竞争对手的报价目标，以有竞争力的报价达到中标的目的。

很多投标人都有自己的报价原则，有的投标人坚持“五不”投标原则：不挖坑、不埋雷、不搞不平衡报价、不搞低报价高索赔、不搞大幅度降价。坚持合理利润，将业主的事当自己的事来对待，认真地做好每个工程。只有这样才能赢得业主的信任，赢得市场的口碑，才能越走越远，获得长久发展。

### 7.1.4 低价中标的危害

1.什么叫低价中标?

所谓低价中标，简单地说就是在招投标时，谁的报价最低，就由谁中标的评标方法。只要价格最低就能中标，造成投标人之间不是比工程质量，而是只比价格。

一般情况下，招投标中的投标价或中标价不得低于成本价。然而在实践中，部分招标人在招标环节忽视质量要求、唯价格论，造成中标价低于甚至远低于成本价。以低于成本价中标的企业为获取利润，需要想方设法地控制成本，通常只能在施工材料、施工工艺等方面压缩成本，用低质量达到低成本的目标，导致工程的进度、质量、安全无法得到保障，给招标人带来严重损失。

2.为什么要低价中标?

（1）获取业绩：很多项目在招标时都会有类似业绩的要求，如果投标人长时间没有业绩支撑，在项目投标时就会失去竞争优势，因为没有业绩而陷入恶性循环直至逐渐被淘汰出局。

（2）薄利多销：有的项目施工难度比较低，工程体量较大，投标人已承接其他类似的工程，可以充分调动资源，可能会为了薄利多销、增加企业整体业绩而降低利润水平。

（3）开拓业务市场，低于实际成本报价：投标人在开拓一项新业务时，为了开拓市场、了解市场整体行情，愿意交学费而采用低于成本价抢占市场，以求后期长久的发展规划。

3.低价中标的危害（表7–3）

**低价中标的危害**　　表7-3

| | | |
|---|---|---|
| 1 | 出现“烂尾工程” | 低价中标后，投标人一般不会做亏本的买卖。要么降低质量、拖延工期，要么拖欠供应商工程款，要么安全环保措施落实不到位等最终留下各种隐患，导致合同难以真正全面地履行，以致造成“烂尾工程” |
| 2 | 低价中标、高价索赔 | 一些投标人低于成本价中标是采用了低价中标、高价索赔的策略，先拿下工程再说，后期想方设法地利用工程量清单、施工图纸、项目施工现场实际情况的错漏之处以及合同中不明确条款增加变更及索赔，获取额外利益 |
| 3 | 低价、低质 | 低价中标后，投标人会通过各种途径降低成本，谋求利润。有些投标人会采取科学合理的技术改进措施降低成本、提高利润，更多的投标人会偷工减料、以次充好，工程质量难以保证，存在低价、低质的隐患 |
| 4 | 前期投入低，后期维护费用高 | 从项目全寿命周期的角度来看，前期建设成本低，不等于项目全寿命周期成本低。低价中标无法控制工程质量，可能会增加项目后期的运营成本，导致建设成本低、运营成本高的局面，从而增加项目全寿命周期的成本 |
| 5 | 违法分包、转包 | 部分投标人针对招标文件中对分包工程的约束缺项，低价取得工程后恶意转包，不履行总包管理职能，恶意拖欠分包工程款，转嫁工程风险 |
| 6 | 扰乱市场、影响行业发展 | 低价中标扰乱了市场价格体系，导致同行之间恶性竞争，中标后无利可图，要么偷工减料降低质量，要么出现“烂尾工程”导致“扯皮”和纠纷 |

并不是所有的项目都可以采用低价中标策略的，只有评分标准里规定经评审的低价中标的项目才会出现低价中标的情况。现在市场经济行情不太好，市场上“像样的”工程项目尤其稀缺。一个项目出来后，很多投标人都想参与，实力强的投标人可能采用合理价投标，实力弱的投标人只能牺牲自己的利润空间以获得评分上的优势，通过低价维持企业的生存。一个项目出来后，中标价没有最低，只有更低，很多地方出现“六折标底价”、甚至是“四折标底价”中标的，如果说标底价是市场行情，这个价格连成本价都不够，才会导致那么多问题工程的出现。现在招标人也很重视低价中标的问题，在招标文件设置评分标准时采用综合评分法或者其他方法来规避低价中标，引导市场正常有序、健康地发展。

## 7.2 如何应用不平衡报价?

### 7.2.1 什么是不平衡报价?

不平衡报价是指一个工程的投标报价在总价基本确定后，如何确定内部各个子项目的报价，以期在不提高总价、不影响中标的情况下，在结算时得到最理想的经济效益。

### 7.2.2 常见的不平衡报价策略

1.根据资金时间收入早晚确定报价

能够早日结账收款的项目，如基础工程，可以报价较高，以利资金周转，后期工程项目可适当降低。

早结账的项目报高价：如开办费、临时设施费、土石方工程、桩基工程、基础和结构部分、基坑开挖。

晚结账的项目报低价：清理施工现场、回填、零散和附属工程、上部结构工程、屋面工程、装修装饰工程、安装工程、电气设备安装、粉刷、油漆等。

2.根据清单工程量不准确而确定报价

工程量增减项目：经过工程量核算，预计今后工程量会增加的项目，或对施工图进行分析后图纸不明确，估计修改后工程量要增加的项目，单价适当提高；而工程量会减少或者工程量完不成的项目单价降低，这样在最终结算时可得到较好的经济效益。

3.根据暂定工程项目情况确定报价

暂定工程项目一般包括暂列金额和专业工程暂估价两类，其价格包含在投标总价范围内。对暂定工程项目要具体分析，因为这类项目在开工后要由招标人研究决定是否实施，由哪一家承包商实施。对于投标人来说，如果自己承包的可能性大，则可以报高价；如果自己承包的可能性不大或者这些暂定工程将来不做的可能性很大，就可以报低价。否则就会失去主动权，减少获利机会，甚至损伤投标人自己的盈利。

4.根据单价和包干混合制项目情况确定报价

对于单价和包干混合制的项目，对某些项目招标人采用单价包干的报价时，宜报高价，因为单价包干的项目后期施工中可能会有风险，另外项目施工完成后可以按照报价结算，所以要报高价，其余项目的单价则可以适当降低。

对于具体工程量暂不明确，但将来一定会发生的只填单价的项目（如：土石方工程中的挖淤泥、岩石等），投标人报价时将其单价提高一些，这样既不影响投标总价，以后发生时根据实际验收计量，投标人又可多获利。此种不平衡报价法是投标人最常用的，也是一种直接取得盈利的有效方法。

5.根据企业自身优势确定报价

在企业资信、施工方案、施工技术、设备材料资源等报价方面各有侧重。投标人将投标竞争对手与自己企业的实力进行全面评估，如果对手实力明显强于自己，那么应适当报低价；如果对手实力明显较弱，则适当报高价，从而扬长避短，发挥企业自身优势，实现企业最佳盈利目标。

6.根据清单工程量确定报价

对于工程量很大的项目，投标人通过适当降低材料单价，提高人工、机械设备台班单价的方法，进行不平衡报价。主要是为了在今后补充项目报价时可以参考选用“单价分析表”中较高的人工费和机械设备台班费，而材料单价则通过调价系数和权重进行调整采用市场价。此种不平衡报价手法适用于合同工期长、物价波动比例大的工程项目。

7.零星报单价的项目

对于零星报单价的项目，没有工程量、只报单价时可以报高价，当有假定的工程量时，单价适中。常见的不平衡报价策略详见表7-4。

**常见的不平衡报价策略**　　表7-4

| 序号 | 项目信息 | 变动趋势 | 不平衡结果 |
|---|---|---|---|
| 1 | 资金收入的时间 | 早 | 单价高 |
| | | 晚 | 单价低 |
| 2 | 清单工程量不准确 | 增加 | 单价高 |
| | | 减少 | 单价低 |
| 3 | 暂定项目情况 | 自己承包的可能性大 | 单价高 |
| | | 自己承包的可能性小 | 单价低 |
| 4 | 单价和包干混合制项目 | 固定包干价格项目 | 单价高 |
| | | 单价项目 | 单价低 |
| 5 | 企业自身优势 | 竞争对手弱 | 报价高 |
| | | 竞争对手强 | 报价低 |
| 6 | 清单工程量大 | 人工费和机械费 | 单价高 |
| | | 材料费 | 单价低 |
| 7 | 零星报单价项目 | 没有工程量 | 单价高 |
| | | 有假定的工程量 | 单价适中 |

不平衡报价一定要控制在合理幅度内（一般为总价的5%～10%），如果不注意这一点，有时业主会挑选出报价过高的项目，要求投标人进行单价分析，对项目压价或失去中标机会。

## 7.3 如何应用多方案报价和增加建议报价？

### 7.3.1 什么叫多方案报价？

多方案报价是指在投标文件中有多个报价，其中一个方案按原招标文件的条件报价；其余方案则是对招标文件进行合理的修改，在修改的基础上报出价格，例如在投标文件中说明，只要修改了招标文件中某一个条款，投标报价就可以降低多少。用这种方法吸引招标人，只要修改意见有道理，招标人就有可能会采纳，从而使采用多方案报价法的投标人在竞争中处于有利地位，扩大了中标机会。多方案报价法适合于招标文件的条款存在不明确或不合理，而且招标文件允许多方案报价的情况，投标人通过多方案报价，既可提高中标机会，又可减少风险。

### 7.3.2 常见的多方案报价策略

1.变动条款，提出降价方案

对于某些招标文件，投标人如果发现工程范围界定不清晰，合同条款不明确或很不公正，或者技术规范要求过于苛刻时，则要在充分估计投标风险的基础上，按多方案报价法处理。即按原招标文件报一个价，然后再提出××条款作某些变动，报价可降低多少，由此可以报出一个较低的价，如此可以降低总价，吸引招标人，增加中标机会。

例如招标人在招标文件中所提出的付款方式十分苛刻，项目施工完成且验收合格后付至合同金额的30%，余款三年内付清。该项目既没有预付款，也没有进度款，投标人垫资施工压力很大。因此投标人在按招标文件报价的同时，在投标文件中说明招标人的付款方式过于严格，考虑到资金压力，报价会偏高，因而按照正常的付款方式另外提交了一份较低的投标报价，成功地利用了多方案报价。

2.投标人不满足招标人的要求，提出优质替代方案

还有一种情况是投标人自身的技术实力、人员资质、机械设备等满足不了原设计的要求，但在修改设计以适应自己施工能力的前提下仍有希望中标，于是可以报一个原设计施工的投标报价（高报价），另外再按修改设计后的方案报价，它比原设计施工的标价低得多，以诱导招标人采用合理的报价或修改设计。但是这种修改设计的前提是必须

符合设计的基本要求。

3.招标人允许投标人另行提出合理化建议

有时招标文件中会写明允许投标人另行提出合理化建议，即投标人可以修改原设计方案，根据企业自身的技术水平和经验提出更合理的方案。投标人这时应抓住机会，组织单位有实力的设计人员和有经验的施工人员对原招标文件的设计和施工方案仔细研究，提出更为合理的设计方案，以吸引招标人采纳自己的方案。投标人在编制合理化建议时，应当通过改进施工工艺或采用先进的施工技术来降低成本，而不是通过降低设计技术要求和标准来降低成本。

另外，合理化建议方案要保留关键性的技术方案，尽量不要太具体、详细，防止招标人将此方案交给其他投标人施工。

招标人要求按某一招标方案报价后，投标人可以再提出几种可供招标人参考与选择的报价方法。例如：某块料楼地面项目，工程量清单中规定的是800mm×800mm的地砖，投标人应按此规格进行报价，与此同时，招标人也允许采用其他规格进行投标报价。在这种情况下，投标人可以采用更小规格的600mm×600mm和更大规格的1000mm×1000mm作为招标人可选择的报价方案。投标时要了解地砖的市场行情，对于有可能被选用的方案要适当的报高价；对于在当地采购有难度的地砖规格，可将其价格有意抬高一些，以增加招标人的选用难度。

## 7.4　如何应用突然降价法？

### 7.4.1　什么是突然降价法？

投标报价是保密性很强的工作，竞争对手之间会采用各种各样的方法和手段刺探对方的投标报价与投标策略。突然降价法是一种迷惑对手的方法，在投标过程中表现出对投标项目兴趣不大，不打算参加这次投标竞争，甚至故意泄露自己的报价，放出虚假信息，等到投标截止时，根据自己收集到的信息突然降价。

### 7.4.2　突然降价法的好处

采用这种报价的好处：

一是可以根据收集到的情报信息分析研判后在递交投标文件的最后时刻，提出自己的竞争价格，给竞争对手以措手不及。

二是由于最终降低的价格是由少数人在最终时刻决定的，可以避免自己真实的报价泄露而导致投标竞争失利。

对于业主直接招标的项目，投标人如果因采用突然降价法而中标，因为开标时只降了总价，在签订合同后可采用不平衡报价的方法调整项目内部各项单价或价格，以期取得更好的效益。

另外，有些投标人会在开标前准备高、中、低多份投标报价，根据开标现场情况，比如参与投标的人数、竞争对手的实力等因素综合评判自己应该递交哪份报价。

## 7.5 检索当地招投标信息的方法

### 7.5.1 投标信息的来源

投标人要掌握招标项目的情报和信息，必须构建起广泛的信息渠道。

投标单位经营部或者商务市场部承担了收集项目信息、了解并掌握项目分布和动态信息的任务。对于投标人员来说，做投标就要步步为营，尽早获得项目有利信息。一般获得项目信息的途径详见表7-5。

获取项目信息的途径　表7-5

| | |
|---|---|
| 1 | 在公共资源交易中心网站查询 |
| 2 | 在企业网站查询 |
| 3 | 在聚合类招投标网站查询 |
| 4 | 市场业务人员收集的项目情报 |

1.公共资源交易中心网站查询

投标人可以在当地或全国的公共资源交易中心网站上查询到相关的招投标信息。公共资源交易中心负责建设工程、交通工程、水利工程、政府采购、土地矿产、国有产权、农村产权、资产招租、药品耗材采购、农村集体工程等公共资源交易项目的公告、公示发布。

公共资源交易网信息全面、公开、透明。投标人可一站式在网站上搜索自己想要的信息，节约时间，提高效率。图7-1为南京市公共资源交易平台截图。

从分布上来说，每个省市及其地级市都有自己的公共资源交易中心，发布相应的招标信息。全国公共资源交易中心，汇集全国范围内的公共资源交易、监管、信用等信息，给投标人提供便利，也有利于维护市场公平竞争，提高资源利用的效率。图7-2为全国公共资源交易平台截图。

2.在相关企业的网站查询

对于一些知名度较高的大型企业，一般会有单独的招标采购部门，企业内部有健全的招标采购制度和流程，他们会选择在公开的媒体上发布企业招标信息。很多公司的网站都设有招投标公告模块，投标人可以多关注这样的信息，相对来说此类信息关注的人比较少，竞争压力相对较小。图7-3为苏州市吴中交通投资建设有限公司网站截图，其中就有工程相关的招投标公告。

图7-1　南京市公共资源交易平台截图

图7-2 全国公共资源交易平台截图

图7-3 苏州市吴中交通投资建设有限公司网站截图

3.在聚合类招投标网站查询

网络上还有一类收费的招投标网站，它们是信息的搬运者，核心运营模式是整合全国范围内的招标信息，将各种网络上的资源进行搜集后汇总分类，再展示出来并收费，如：中国招标网、千里马招标网、中策大数据等。

这些聚合类网站，可以提供内容翔实的招标信息、中标公告信息等，但是提供的是有偿服务，企业必须缴费成为会员才能获得招标项目信息，否则信息的关键内容会以×××的形式呈现。

虽然各省市公共资源交易平台、政府采购网站都会及时公示招标与中标信息，但是这些信息分散不均，缺乏统一的、一站式的平台，聚合类网站针对投标人需要的信息，自动获取、主动推送，可以从一定程度上避免投标人漏看适合自己的项目信息。

4.业务人员收集的项目情报

投标单位的经营部或者市场部承担了收集项目信息，了解并掌握项目分布和动态信息的任务，一般在项目建设前期就要介入，了解工程项目名称、建设规模，以及工程项目组成内容、资金来源、建设要求、招标时间等，掌握工程项目前期准备工作的进展情况，为投标做好充分的准备。

项目建设前期的准备阶段，要经过可行性研究、环境保护评价、建设用地规划、消防及其他专业部门的行政审批或许可，并且政府行政部门在审批前后基本上都要向社会进行公示。因此投标人获取项目信息资源的主要渠道有：

（1）县级以上人民政府网站；

（2）省、直辖市、自治区人民政府国土部门网站；

（3）建设、水利、交通、铁道、民航、信息产业等部门网站；

（4）勘察设计部门和工程咨询单位。

投标人可以经常从上述相关部门的网站或其他渠道搜集招标项目的信息，定期跟踪招标信息。随着时间的推移，应根据项目行政审批情况和筹建变化情况，及时对招标项目信息管理一览表加以补充和修改，这对投标人在投标中取胜具有重要意义。

### 7.5.2 招标信息的分析

投标人可以根据投标信息的来源以及通过核查政府行政审批文件或许可证件的途径，对投标信息的准确性进行判断。目前各地正在整合本行政区域建筑工程招标和政府采购招标，并加速组建区域内的公共资源交易中心。投标人可以经常登录各地的公共资源交易中心网站获取有价值的信息。

投标人在获得工程项目招标信息后，要对招标信息的准确性、对工程项目的政治因素、经济因素、市场因素、地理因素、法律因素、人员因素、项目招标人的情况、工程项目概况、其他潜在投标人情况做认真全面的调查和研究分析，为项目投标决策提供依据。

1.投标人自身条件的可行性研究

投标人对自身条件的研究是投标研究的重要条件。一般来说，投标人自身条件应研究以下几方面的内容：

（1）投标人应根据招标文件的规定或工程规模情况，考虑企业施工资质是否满足规定和需要。

（2）投标人应研究分析项目负责人和项目部管理人员的专业素质、管理能力、工作业绩情况，能否承担招标工程项目的管理、指挥、协调需要；若不能满足，是否能及时通过招聘解决。

（3）投标人应研究分析企业各工种技术工人的数量和调配情况，劳动力是否满足工程 项目建设施工的需要。当工人数量不足时，是否能及时协调资源补充。

（4）投标人应研究分析是否能对工程项目实施有效的管理，管理方案是否可行。

（5）投标人应研究分析机械设备、周转材料是否满足工程项目需要。不能满足时，在经济上、时间上是否能及时解决。

（6）投标人应根据招标文件的说明，分析流动资金是否满足需要，是否有流动资金的计划方案。

2.对项目招标人的研究

对工程项目招标人的研究包括以下内容:

（1）项目资金来源是否有保障以及工程款项的支付能力是否满足需要。要重点研究工程项目的资金是什么性质，资金是否落实，工程款项是否能够按时支付。还要研究招标人的企业实力和社会信誉等。

（2）研究招标人的管理水平。工程项目招标人的社会信誉、技术能力、管理水平在很大程度上决定了工程项目是否能按招投标文件和合同顺利实施。有些项目招标人的技术和管理水平都很低，法制意识淡薄，这样的项目招标人会将中标人的计划全部打乱，给中标人带来不可估量的损失。

3.对竞争对手的研究

对竞争对手的研究包括以下内容:

（1）该公司的综合实力、资质证书情况、过去几年内的工程承包业绩情况。

（2）该公司的主要特点，包括其突出的优点和明显的弱点。

（3）该公司正在实施的项目情况，对此投标项目中标的迫切程度。

（4）该公司在历次投标中的投标策略、方法、手段。

（5）该公司是否有其他社会资源背景，有没有承接过招标人的项目，与招标人关系如何。

4.对投标技术方案的可行性研究

投标人要根据工程项目的特点和招标文件的规定，结合工程项目的地理环境、交通配套、自然条件和设计图样的情况，在编制技术方案（或施工组织设计）时对工程进度、工程质量、工程安全文明施工、工程成本控制等技术措施和组织措施要周密可行，要确保达到招标文件的要求。投标人要研究分析企业自身条件是否能保证这些措施实施，是否能按施工组织设计实现人、财、物的供应，是否能实现工程项目的质量、进度、安全、造价等方面的目标计划。

5.对投标报价的可行性研究

投标人按招标文件和企业的技术实力、企业定额以及市场价格对工程量清单进行成本计价核算，并考虑适当的利润，最终形成工程项目的投标报价。投标报价不得低于企业成本价，因为投标人参与投标的最终目的是获得合理的利润。若报价太低，企业会损失利润；若报价太高，企业将失去中标机会。投标报价的可行性研究是投标的重要一步。

## 7.6　如何提高投标人的中标率？

如何提高中标率？

### 7.6.1　项目操作完整流程

中标是投标人赖以生存的根本，投标人最渴望的就是中标，如果是在网站上看到招标信息，然后报名、购买标书、参与投标，这就属于碰运气了，中标率会很低。这就是很多投标人屡战屡败的原因。

那怎样才能提高中标率呢？

投标是一个系统的工程，绝对不是在网站上看到招标公告，购买了招标文件，然后照着做标书就能中标的。其实在你看到招标公告时，已经有人在你前面默默地做了很多的工作，而你却从招标公告环节才开始介入。从这点来说，当你看到招标公告时就已经输掉了80%。

系统的投标项目里都有哪些环节呢？详见图7-4。

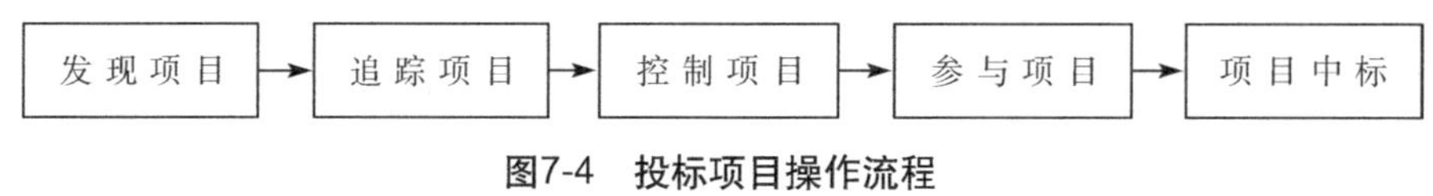


**图7-4 投标项目操作流程**

1.发现项目

投标人发现项目的途径有很多。很多投标人是在网站上看到招标公告后才开始准备投标工作，但其实招标信息的捕捉应该是在招标文件发出前。如果等招标人的招标公告已经发布，在一定程度上已经错失了项目操作的最佳时机。所以说项目信息要趁早捕捉，投标方业务人员通过各种信息渠道，在项目立项阶段就提前获取项目信息，比如招标方有意向，邀请投标人参与设计；比如客户的引荐，朋友的介绍；比如从政府相关部门的网站提前关注相关项目信息，预判发展趋势，等等。

2.追踪项目

当通过上述途径获得相关信息后，投标人要在项目立项时就介入。项目建设前期的准备阶段，要经过可行性研究、环境保护评价、建设用地规划、消防及其他专业部门的行政审批或许可等，在此期间你可以通过各种渠道找机会介入，然后做方案设计、汇报、修改、定稿等。你想如果设计是你做的，那么你是不是已经比其他单位抢占了先机。

投标人要定期跟踪招标信息，随着时间的推移，应根据项目行政审批情况和筹建变化情况以及竞争对手介入情况等，及时统筹更新应对策略，尤其是到了招标前期，项目可能会存在一些变化，要及时跟踪反馈。这对投标人在投标中取胜具有重要意义。

3.控制项目

控标的环节可以说是项目投标操作过程中最关键的环节。

控标的关键是招标文件和评分标准。

投标人在日常积累中，要注意整理、分析企业自身的优势与劣势，尤其是与投标过程中经常遇到的竞争对手相比，自家企业在公司资质、人员、机械、业绩、获奖情况等方面的优劣势，以便更好地控制项目。

4.参与投标

（1）打听竞争对手的情况:

知己知彼方能百战不殆，投标人要多方面打听都有哪些单位参与投标。当不知道竞争对手时，可以在购买标书时多看看购买标书登记表上已购买标书的投标单位的名称，可以在购买招标文件时早点去代理机构那暗中观察有哪些竞争对手购买了标书，等等。

不过这些方法随着电子标的到来都将失效，电子标直接在网上报名、网上下载招标文件，只有到了开标时间才知道具体有几家单位参与投标。

（2）搞好与代理机构的关系：

代理机构发布招标文件时，会了解招标人的想法、整个项目的进度状态，等等，所以要跟招标代理机构的相关人员搞好关系，及时了解项目的最新动态，尽可能了解有哪些竞争对手参与报名，他们对这个项目的意向程度有多高，招标人对这些竞争对手的想法，等等，为自己的投标策略提供支撑。

（3）打铁还需自身硬：

一个项目从前期介入到发布招标公告，投标人要辛苦地跟踪落实，时间可能要延续几个月甚至几年，前期付出了那么多，一定不能在编制投标文件环节出现任何纰漏。

打铁还需自身硬。要让自己的标书做得很完美、无懈可击，才能不辜负前期的付出。按照招标文件要求编制标书，按照招标文件要求逐条实质性响应，重点注意废标条款，遵照投标文件检查模板检查标书等，这部分内容可以关注第6章的内容。

低级错误不能犯。比如投标价格大小写不能错，签字盖章不能漏，交标书一定不要迟到，投标保证金不能忘记提交，等等。

想要投标环节不出错，就必须做好投标预案，明确相应人员的职责分工，要想到整个投标环节的方方面面，预计整个环节的流程，预估可能出现的风险及应对的方法，以不变应万变。最典型的就是一些投标人不熟悉或错误预判开标当地的交通状况，因疏忽大意而导致在递交投标文件截止时间之后才到达开标现场，只能遗憾地抱着投标文件退场。所以投标人必须充分预估可能发生的情况，留有充足的时间，避免低级错误的发生。细节决定成败！在投标中，越是细小的问题，越要关注。

5.中标

经过前期充分的准备，投标人认真对待了每一个投标环节，中标概率会极大的增加。当看到别人顺利中标时，不是别人的运气好，而是别人在背后已经做了很多的工作。台上一分钟，台下十年功，想要中标，就要从源头开始跟踪落实，把所有的环节打通，才能提高中标率。

### 7.6.2　如何分析投标项目的优势和劣势？

如果项目前期没有参与项目，只是在相关网站上看到招标公告才报名参与投标，这时候投标人应该要做些什么呢？如何评估本次项目中标的概率呢？

首先投标人应该对项目的概况进行初步的了解，研究评分标准，梳理本项目中标的关键点，结合企业的实际情况评估中标概率，决定是否参与项目投标，毕竟投标是要占用公司资源和成本的。项目投标分析内容详见表7-6。

**项目投标分析内容** **表7-6**

| 序号 | 内容 | 评估情况 |
| --- | --- | --- |
| 1 | 项目前期跟踪是否参与 | |
| 2 | 项目目前的进展情况如何 | |
| 3 | 项目利润率多少 | |
| 4 | 招标文件有没有设置明显的门槛 | |
| 5 | 招标文件有没有某种倾向性 | |
| 6 | 公司资质、认证证书是否满足要求 | |
| 7 | 公司人员是否符合要求 | |
| 8 | 与本项目招标方是否建立了联系 | |
| 9 | 与本项目代理公司是否建立了联系 | |
| 10 | 本项目的竞争对手有哪些 | |
| 11 | 竞争对手和招标方的关系如何 | |
| 12 | 参与本项目的优势有哪些 | |
| 13 | 参与本项目的劣势有哪些 | |
| 项目投标情况分析 | | |
| 是否参与投标 | | |
| 项目投标分析小组 | | |
| 日期 | | |

项目投标分析小组根据项目具体的情况，分析得出是否参与本次项目投标。经过各方面综合考量决定要投标的项目，投标人集中优势资源投标，中标概率会极大的增加。

这就是为什么有的投标人中标概率高，有的投标人中标概率低的原因。在投标之前投标人已经做了充分地评估，觉得中标概率大才会参与，这样就会提高项目的中标率。而不是不管什么项目，只要发现就投，既浪费精力，又浪费公司的资源，项目的中标率还很低。

# 第 8 章

# 投标人如何挽回评标结果的不利局面？

## 8.1 投标人错误的质疑与投诉有哪些？

### 8.1.1 常见的错误投诉

（1）投诉投标人提供虚假的从业人员总数，提供虚假材料。

在实践中经常发现有的投标人可能对同行比较了解，通过各种途径了解到被投诉人公司没有那么多人，不足以响应招标文件的要求，于是提出质疑。

但其实被投诉人公司也许看着没有那么多人，但是社保上的人数是多的，从业人员的人数是以缴纳社保的人数为准的，而且职工人数可以从无到有。

所以投诉人质疑其实不是真假问题，是一个“有无”问题。

（2）投诉投标人没有相应的机械设备、施工车辆，不具备施工项目的能力，涉嫌提供虚假材料。

招标文件并未强制要求投标人需要具备的机械设备和施工车辆必须自有，所以被投诉人的投标文件是符合招标文件要求的。投诉人不能自己觉得项目难度比较大，应该需要什么样的机械设备而推断其他投标人没有该设备而进行投诉。

招标文件没有提到的要求，不用质疑。

即使你知道被投诉人实力较弱，不具备承担项目的能力，但是招标文件之外的要求，再提也没有用。

这是一个质疑“有无”问题。

（3）投诉投标人偷税漏税，恶意隐瞒违法记录，提供虚假材料。

在实践中，有的投标人对同行比较了解，知道同行中标，举报其隐瞒偷税漏税。那么隐瞒偷税漏税算是提供虚假材料吗？

隐瞒偷税漏税，在投标文件中没有提，不属于提供虚假材料。

注意：没提供材料≠提供虚假材料。

这是一个质疑“有无”问题。

（4）投诉在相关网站查询不到被投诉人相关的业绩材料，不应在投标中加分。

虽然在相关网站没有找到被投诉人的合同，但是投标文件内提供了相关业绩合同证明，符合招标文件要求。

在实践中，有的投标人知道同行没有业绩，举报其业绩不符合要求，理由是网站上查询不到相关业绩，但其实只要投标人能拿出符合要求的业绩即可。业绩不一定要在相关的网站公示，除非招标文件有明确要求需要在指定网站公示的业绩。

这是一个质疑“有无”问题。

上述投诉都是在质疑材料的“有无”问题，投标人只要证明这些材料是“有”的，而不需要证明这些材料是“真”的。

### 8.1.2 正确投诉的打开方式

（1）ISO 体系认证证书复印件与国家认证认可监督管理委员会网站公布的内容不一致，涉嫌提供虚假材料。

投标文件中提供的ISO体系认证证书复印件的有效期与国家认证认可监督管理委员会网站公布的内容不一致。

这是一个“真假”问题。

第一，提供了证书；第二，提供的证书是假的。

白纸黑字在投标文件中的是“铁证”。

（2）项目经理证书是假的，涉嫌提供虚假材料。

这是一个“真假”问题。

第一，投标文件中提供了项目经理证书；第二，项目经理证书确实是假的。

这是“铁证”，无法翻盘。

所以质疑要针对被投诉人已经提供的材料，质疑材料的真假。而不是质疑材料的有无，因为材料是可以从无到有的。

质疑真假，赢面更大，质疑有无可能会输。

## 8.2　质疑投诉的注意事项

### 1.投诉期限

自知道或者应当知道之日起10日内（异议答复期不算在内）。

### 2.投诉受理人

（1）各相应的行业行政监督部门受理；
（2）国家重大建设项目，由国家发展和改革委员会受理。

### 3.投诉形式

投诉人投诉时，应当提交书面材料，即投诉书（现场提出口头投诉的除外），否则有关部门可能不予受理。

### 4.不予受理的情形

（1）投诉人不是所投诉招投标活动的参与者，或者与投诉项目无任何利害关系；
（2）投诉事项不具体，且未提供有效线索，难以查证的；
（3）投诉书未署具投诉人真实姓名、签字和有效联系方式的；以法人名义投诉的，投诉书未经法定代表人签字并加盖公章的；
（4）超过投诉时效的；
（5）已经作出处理决定，并且投诉人没有提出新的证据的；
（6）投诉事项应先提出异议而没有提出异议，已进入行政复议或者行政诉讼程序的。

### 5.投诉人中途要求撤回投诉的处理方法

投诉处理决定作出前，投诉人要求撤回投诉的，应当以书面形式提出并说明理由，由行政监督部门视以下情况，决定是否准予撤回：
（1）已经查实有明显违法行为的，应当不准撤回，并继续调查直至作出处理决定；
（2）撤回投诉不损害国家利益、社会公共利益或者其他当事人合法权益的，应当准予撤回，投诉处理过程终止。投诉人不得以同一事实和理由再提出投诉。

### 6.恶意投诉的特点与处理方法

在招投标实践中，很多投诉都有一些道理和依据的，但是也不乏某些投标人为了达到自己的经营目标恶意投诉，扰乱市场。
一般来说，有下列特征之一的，有恶意投诉的嫌疑：
（1）投诉处理部门受理投诉后，投诉人仍就同一内容向其他部门进行投诉的；

（2）不符合投诉受理条件，被告知后仍进行投诉的；

（3）捏造事实、伪造材料进行投诉或在网络等媒体上进行失实报道的；

（4）投诉经查失实并被告知后仍然恶意缠诉的；

（5）一年内三次以上失实投诉的。

招投标投诉在招投标活动中长时间存在且无法避免，有些投诉人是恶意投诉的专业户，专门找招投标活动中的漏洞进行投诉，以期获得一些经济上的利益。因此，需要改进对招投标投诉及恶意投诉的管理，增加恶意投诉的投诉成本，投诉人故意捏造事实、伪造证明材料或者以非法手段取得证明材料进行投诉，给他人造成损失的，依法承担赔偿责任。比如限制其进入本地招投标市场参与投标活动，影响招标活动进程给招标人带来损失的，依法赔偿等。

## 8.3 正确编写投诉函的方法

投标人编写投诉函时要把项目相关信息、投诉的事项以及相关证明材料等基本信息写清楚，投诉函包括但不限于下列内容：

（1）投诉人的名称、地址及有效联系方式；

（2）被投诉人的名称、地址及有效联系方式；

（3）投诉事项的基本事实；

（4）相关请求及主张；

（5）有效线索和相关证明材料；

（6）投诉人是法人的，投诉书必须由其法定代表人或者授权代表签字并盖章；其他组织或者自然人投诉的，投诉书必须由其主要负责人或者投诉人本人签字，并附有效身份证明复印件。

**投诉书（参考格式）**

一、投诉人：

联系地址：

联系方式：

二、被投诉人：

联系地址：

联系方式：

三、投诉事项的基本事实：

四、相关请求及主张：

附件：有效线索和相关证明材料。

投诉人：（盖章）

法定代表人（或其授权委托人）：（签字）

时间：　　　　年　　月　　日

注意：

（1）投诉人是法人的，投诉书必须由其法定代表人或者授权代表签字并盖章；其他组织或者自然人投诉的，投诉书必须由其主要负责人或者投诉人本人签字。投诉书应附有效身份证明复印件（包括企业营业执照、个人身份证明、授权委托书等）。

（2）对《中华人民共和国招标投标法实施条例》规定应先提出异议的事项进行投诉的，投诉书应当附提出异议的证明文件。

（3）已向有关行政监督部门投诉的，应当一并说明。

（4）投诉书有关材料是外文的，投诉人应当同时提供其中文译本。

（5）投诉人可以直接投诉，也可以委托代理人办理投诉事务。代理人办理投诉事务时，应将授权委托书连同投诉书一并提交给行政监督部门。授权委托书应当明确有关委托代理权限和事项。

# 参考文献

[1] 李志生，付冬云.建筑工程招投标实务与案例分析[M]. 北京：机械工业出版社，2010

[2] 建设工程工程量清单计价规范GB 50500—2013. [M]. 北京：中国计划出版社，2013

[3] 全国造价工程师职业资格考试培训教材编审委员会. 建设工程计价[M]. 北京：中国计划出版社，2019